LOCUS

LOCUS

LOCUS

LOCUS

七歲的山姆。

一九八二年夏天，山姆、羅柏與芮塔在威靈頓的屋後平台。

一九八二年夏天，史提夫、山姆與羅柏，我們全家最後一次度假。

羅柏與山姆對生日蛋糕大肆破壞。

一九八一年，男孩們在我們威靈頓的家外面。

山姆最後一次過生日拍下的怪照片。

在威靈頓的悲劇事件之後，奧克蘭的家給我們一個重新出發的承諾。

菲立普、莉迪亞跟羅柏攝於我們第一次走訪陶波。

一九八九年，菲立普加入我們這個現成家庭。

莉迪亞與克麗奧在奧克蘭的家後院。

一九九〇年，我們的訂婚派對，在奧克蘭郊外的酒莊跟親朋好友同慶。

一九九二年，莉迪亞與克麗奧。

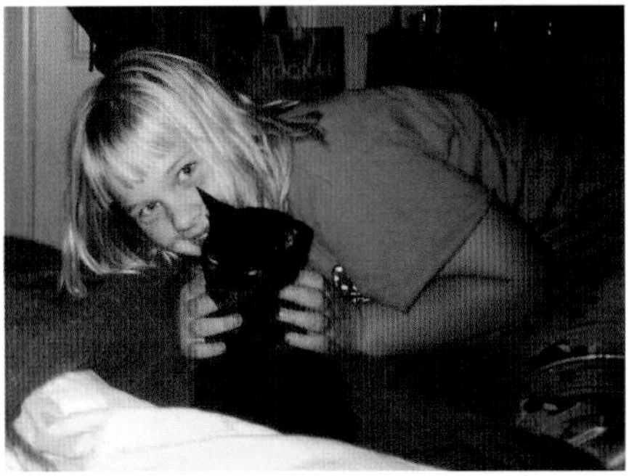

凱薩琳常常替克麗奧舉辦「假裝的」生日派對，後者勉強配合。

一九九七年的凱薩琳，戴著我親手縫製的精靈翅膀。

二〇〇八年，凱薩琳、海倫與菲立普在墨爾本的家。

mark

這個系列標記的是一些人、一些事件與活動。

mark 86 一隻貓，療癒一個家

Cleo: How an Uppity Cat Helped Heal a Family

作者：Helen Brown

譯者：謝靜雯

責任編輯：楊郁慧　美術編輯：何萍萍　校對：呂佳真

法律顧問：全理法律事務所董安丹律師

出版者：大塊文化出版股份有限公司

台北市105南京東路四段25號11樓

www.locuspublishing.com　讀者服務專線：0800-006689

TEL：(02) 87123898　FAX：(02) 87123897

郵撥帳號：18955675　戶名：大塊文化出版股份有限公司

總經銷：大和書報圖書股份有限公司

地址：台北縣新莊市五工五路二號

TEL：(02) 89902588　FAX：(02) 22901658

初版一刷：2010年8月　定價：新台幣320元

Printed in Taiwan

一隻貓，療癒一個家

Cleo: how an uppity cat helped heal a family

Helen Brown 著
謝靜雯 譯

本書獻給內心深處自知是愛貓族、嘴上卻沒承認的人。

目錄

繁體中文版序

得知《一隻貓，療癒一個家》要在台灣出版，讓我感到莫大的榮幸與欣喜。我當初坐下來書寫一隻小黑貓為我們家帶來的深遠影響，完全沒料到全球會有那麼多國家的人欣然接受它。這可能也是好事，要不然我當時一定會緊張得一個字也寫不出來！

有人問我這本書花多久時間寫成。答案是三年或三十年，端賴你用什麼角度來看。這個故事始自一九八〇年代早期，當時我替紐西蘭威靈頓一家報紙寫專欄。每週我會寫些關於日常家庭生活的趣事。一九八三年一月，悲劇來襲，我們的生活一夕之間支離破碎。向來走幽默路線的我，不知該不該與讀者分享我的悲慘經驗。當我坐在床上傾訴悲劇時，淚水簌簌落入打字機。讓我詫異的是，信件如雪片般湧入。最精彩也最有助益的信件，來自那些曾經失去孩子的父母。當時沒有什麼哀傷諮詢的服務，給我最多安慰的正是那些父母。他們向我保證，我一定可以撐過去、再次尋回生命的喜悅。

對於那些來信的勇敢父母，我一直滿懷感恩，也希望《一隻貓，療癒一個家》這本書能給他們一些回報。我也盼望這本書能幫助仍然深陷哀傷的其他父母：過去三年來我每日早晨坐在電腦螢幕前寫作時，總是希望能助他們一臂之力。

讓我訝異的是，我們家的故事不僅打動哀傷的父母，也往廣大多元的讀者群伸出觸角；包括愛好動物人士、年輕族群、創傷倖存者，以及所謂的一般大眾讀者。我收到的幾千封電子郵件裡，有來自倫敦的女警、立志成爲獸醫的香港青少年，以及澳洲的急救醫護員。

克麗奧二十三年半的生命歲月，教導了我許多功課。她已在本書化爲不朽，而我從她身上學到最寶貴的功課也許就是：雖然全世界的人常過度關注彼此之間的差異，但我們其實非常相似。我們全都愛著孩子與動物。

這是個充滿喜悅的故事。我希望它能幫你在人生裡發掘更多的幸福快樂。

1 選擇

貓咪選擇自己的主人，而非主人選擇貓咪。

「我們沒有要養小貓唷，」我開著旅行車，在形似麻花捲餅的彎道上盤旋，「我們只是去看一看。」

通往萊娜家的路狹窄難行，更別提坡度陡峭了。這條路蜿蜒穿越的區域，在世上的多數地方都算是山巔。萊娜房子後方除了幾座地勢險峻的牧羊農場和礁岩處處的海灘，幾乎是一片荒蕪。

「你明明說我們可以養貓咪的，」坐在後座的山姆哀嚎，轉向弟弟尋求支援，「對吧？」

後座通常是兩個兒子的戰場。年近九歲與六歲的兩兄弟正值好動的年齡。山姆先偷偷戳羅柏一下，對方便踢腳回敬，接著山姆出拳報復。局勢越演越烈，直到兩人淚漣漣地相互指責——「他打我啦！」「那是因爲他先捏我啊。」可是，這次他倆卻難得站在同一陣線。平時，我扮演的角色是評判的法官兼手足關係輔導員，現在卻被更單純的角色所取代：**公敵**。

「對啊，不公平啦，」羅柏跟著起鬨，「你明明說過的。」

「我是說，我們有一天可能會養貓咪。一個家庭養一隻大狗就夠了。不然你們要芮塔怎麼辦？我們如果帶貓咪回家，她會不開心的。」

「才不會咧。黃金獵犬喜歡貓咪啦，」山姆回答，「我在寵物書上讀過。」

芮塔對著不幸的貓族成員窮追猛打，這番景象我們不知看過多少次，但現在去回想這點沒什麼用。打從山姆放棄當超級英雄的目標、把蝙蝠俠面具扔進衣櫥角落，他就搖身成了小書蟲，滿腦子塞滿科學新知，隨時準備反擊我的論點。

我不想養貓。我不算是愛貓人，而我先生史提夫肯定對貓沒什麼好感。萊娜那天參加我們社區的兒童創意遊戲班，要是她在詢問「你們想養小貓咪嗎？」時，笑容沒那麼燦爛、聲音沒那麼響亮（也不是在小朋友面前說）的話，那該有多好。

「耶！我們要養貓咪嘍！」我還來不及回答，山姆已高喊出聲。

「耶！耶！」羅柏起而附和，踩著球鞋跳上跳下。鞋上有著我刻意不去理會的破洞。

在我們還不認識萊娜以前，我早已對她心生敬畏。她是個纖瘦如柳的美人胚子，打扮風格兼容並蓄。她將近二十歲時，和家人從荷蘭移居此地，日後成爲頗受敬重的畫家。她的肖像畫向來隱含了針對種族、性或宗教的政治評論。她不僅體現了最深層的藝術家身分，也選擇不倚賴男性而自力更生。在創意遊戲班裡，傳聞她的三個孩子各有不同的父親。如果說這三個孩子是萊娜從某個平行宇宙召喚過來的（而這個宇宙只有她與畢卡索擁有通關密碼），我一點也不意外。我才不要當著她的面，爲了小貓咪大驚小怪。

養育一對兒子長大，遠比我學生時代在電視上看過的嬰兒洗髮精廣告，還要耗神費力許多。要是奧林匹克競賽針對少女母親頒發天眞爛漫獎，我鐵定會榮獲金牌。十九歲結婚懷孕以前，嬰兒在夜裡醒來的情景會讓我漾起微笑。可是那些是別人的嬰兒。山姆出生後，現實敲響了警鐘。我努力讓自己快速成長。半夜去電給住在三百公里之外的老媽，不見得每回都有用（「親愛的，他一定是在長牙啦」）。幸運的是，比我年長些、經驗更豐富的母親們相當同情我。她們慈祥和藹、耐心十足地一步步引導我如何扛起母職。我終於逐漸體認到：睡眠是種奢侈，母親自己越是想過得舒服快活，孩子們越是慘兮兮。所以，截至一九八二年快結束以前，我的表現還過得去。這兩個孩子棒極了。這麼說好了，我已經有好幾個月，上超級市場去時不是匆匆抓一件外套遮掩身上的睡袍。

我們當時住在威靈頓。這城市以兩種東西聞名——壞天氣與地震。我們好不容易買下房子，卻可能讓全家飽受上述兩者的威脅。那棟平房位處峭壁上一條之字路的半途，就在斷層線的正上方。

小型地震如此稀鬆平常，我們幾乎沒注意到牆壁在顫抖、盤子在晃動。可是，大家都說威靈頓早該發生大型地震了，就像一八五五年那場；那時大片土地沒入海中，在其他地方被拋了上來。

我們的平房看起來的確像是緊攀山壁，彷彿隨時等著什麼恐怖事情發生。它傾斜的屋頂、包覆在外的暗色橫木和百葉窗，帶有一種光環漸褪的童話吸引力。彷都鐸結合了美術工藝運動風格，不是時髦型的破舊，而是純粹的破舊。我努力打造小屋庭園，最後卻只剩沿著屋前小徑生長的勿忘我。

雖說這幢房子十分古雅，可是當初在建造時，顯然只考慮到高山山羊家族。那裡沒附車庫，甚至不正對街道。抵達這房子的唯一方式，就是把車停在比屋頂輪廓線還高的馬路上，把雜貨物品與孩子的配備攬抱在手裡。接下來就靠地心引力，把我們往下吸啊吸，讓我們曲折前進、直至大門爲止。

天氣晴朗時，海港一片蔚藍、水面平靜如大餐盤，對當時還年輕的我們不成問題。不過，只要南極吹來的勁風，撕扯我們的外套釦子，讓雨水劈打我們的臉，我們就會希望當初買的是更切合實際的房子。

可是我們喜歡住在步行二十分鐘就能到城裡的地方——要是有攀岩用的繩子跟鞋子，五分鐘就到了。我們往城裡走的時候，有一種無形的力量會把我們朝著那條之字路低處的盡頭迅速拉去。我們疾步穿越灌木叢與亞麻叢時，會暫停腳步放眼一瞥。環繞四周的紫藍色山丘，荒涼又陡峭，就在我們上方升起。我們能身處如此美景，直教我驚奇。

接著這條小徑會把我們拉過一道橫跨主要道路的老步行木橋。從那邊開始，我們可以拾階而下往公車站去，或是繼續我們的垂直旅程，直抵國會大廈與中央火車站。從城裡走回家的艱苦行程則是另一回事，需要耗費兩倍的時間，同時還需要登山客的肺活量。

這道之字路清楚畫分了社會結構。**正確的那側**是花園簇擁的雙層大樓房，華美的程度直追托斯卡尼。**錯誤的那側**，平房沿著峭壁邊緣散布，彷彿臨時想到就蓋了。住**錯邊**的人往往擁有各式各樣的雜草，而不是花團錦簇的花園。

職場的聲望高低也跟之字路的坡度有直接關聯。巴特樂先生有如城堡的房子坐落於右側最高處。兩層樓的灰色建築，散發的優越感不只凌駕這個街坊，也超越整座城市。

巴特樂先生房子的下方，有一棟俯瞰海港的兩層樓房子，彷彿與別人一較長短是它最不在意的事。屋簷優雅有如海鷗羽翼，好似正準備乘風而起，展翅飛向更加光鮮的世界去。里克・德西瓦經營一家唱片公司。大家都說，他太太吉妮婚前是時裝模特兒，堪稱紐西蘭版的珍・史琳普頓①。他們夫婦倆以愛好辦派對而聲名大噪，他們的房子隱身在盤根錯節的植栽之間，那些植物在乾燥過後肯定可以拿來吸食。

傳聞有人看到艾爾頓・強跟跟蹌蹌地走出他們的房子，醉得跟狗似的，不過可能只是某個長相肖似的人吧。他們的兒子傑森跟我們家的男孩讀同一所學校，可是我們兩家向來保持距離。往山丘上坡走八百公尺，學校就位在溪谷谷口。德西瓦家有輛跑車。史提夫說

---

①譯註：Jean Shrimpton (1942–)，英國知名演員及模特兒，是一九六〇年代時裝與文化界的偶像人物。

他們太潑辣了。我沒什麼力氣爭辯這點。

我們這一邊的之字路，專住些離群索居的人與暫時租屋者，等著搬到風險沒那麼高、比較容易到達、離斷層線也沒那麼近的地方。山莫維爾太太是個退休高中老師，就是**錯誤這邊**少數的長期居民之一。她住在一間井然有序的護牆板屋子裡，就在我們的下風處。跟青少年共度一輩子，對她的面貌沒什麼幫助。她臉上永遠掛著一副剛剛受辱的表情。

這會兒山莫維爾太太已經來到我們家的門前階梯，抱怨我們的狗恐嚇她的貓湯姆金——一隻表情與女主人同樣陰鬱的大虎斑貓。雖然我試著避開她，但大部分日子都還是會碰見，給她抓住機會指出小男孩非法踩著滑板、沿著之字路衝滑所留下的煞車痕，或是她信箱上最新的塗鴉。山莫維爾太太對小男孩的病態厭惡，延伸到我們的兒子身上，他們成了每項罪行的嫌疑犯。史提夫說是我自己胡思亂想。山莫維爾太太雖然厭惡小男生，卻知道如何對男人施展魅力。

＊＊＊

我在家工作，每週替威靈頓一家日報《版圖》寫專欄。史提夫一週在家工作、一週離家工作，在北島與南島之間穿梭的渡輪上擔任無線電通信官。我十五歲時，在一場船上的派對認識他。這個莊重高貴的二十歲大男人，是我見過最具異國風情的人。我在新普利茅斯成長，跟鄉村舞廳裡帶領我們跳舞的農夫比起來，史提夫簡直是從另一個世界來的。

他的臉白裡透紅，雙手有如嬰兒一般柔軟。他的藍眼睛在長睫毛底下閃爍著，讓我為之迷醉。和那些農夫不一樣的是，他說起話來毫不羞怯。我認定身為英國人的他要不是跟滾石合唱團的某成員，不然就是跟某位披頭四有什麼關係。

我愛極他茶色髮絲披過衣領的模樣，就像保羅・麥卡尼。他渾身散發柴油和鹽的氣味，象徵一個更為廣闊的世界，讓我迫不及待想要投入。

我們連續通信三年。我匆匆完成學業和新聞課程（成績全是丙），然後飛到英國去。史提夫簡直就是我夢想中的男人（三年通信期間，我只跟他相處兩週），現實世界根本不可能遇得到。他的父母則對於來自前殖民地的魁梧女友印象平平。

我十八歲生日過後一個月，我們在英格蘭東南部的吉佛德登記結婚。只有五個人有足夠的勇氣來參加典禮。證婚人毫無興致，連戒指都忘了提。我的新任丈夫事後在外面的門廊上，將戒指套上我的手指。當時天空飄著雨。我父母遠在紐西蘭，他們心煩意亂，忙著調查宣告結婚無效的可能性，卻無計可施。

婚禮過後兩週，我在我們租來的公寓裡瞪著馬桶座，心想這需要好好清潔。就在那時，我明白這場婚姻是個錯誤。可是因爲我倆堅持成婚，惹來很多人不快，所以我無法臨時退出。我差點就想落跑而造成更多痛苦，我能想到的唯一解決辦法就是自組家庭。史提夫猶豫不決地配合了。打從一開始他就很坦誠，表明他對嬰兒沒興趣。

我們回到紐西蘭。我在十二月的夜裡陣痛了整晚，不敢請護士開燈，免得破壞醫院的規矩。在藥物引發的昏沈狀態裡，我聽到醫生唱著〈天已破曉〉這首歌。幾分鐘後，她把寶寶山姆從我身體裡拎出來。

山姆還沒吸進第一口氣以前，便轉頭用那雙藍色大眼瞅著我的臉。愛的感覺快讓我爆炸了。我急於擁抱這位嶄新的人類，他毛茸茸的髮絲在產房燈光下發亮。山姆被裹在毯子裡（藍色的，免得我忘了他的性別），然後放進我的臂彎。我親吻他的額頭，有種我再也無法安心的感覺撲襲而來。我把他蜷起的小拳頭扳開。他的生命線很粗壯而且長得不可思議。

即使這理應是我們的首次相會，但我與山姆卻馬上認出對方。感覺好似兩個從未長久分離的古老靈魂再度團聚。

成爲父母並未讓我與史提夫更加親近，事實上竟產生反效果。山姆出生後兩年半，羅柏也呱呱墮地。

缺乏睡眠與煩躁的神經，讓我倆之間的差異日益凸顯。史提夫蓄起鬍子（這模樣在當時頗爲流行），把自己隱身其後。在海上工作一週後回來，他又累又煩躁。

他認爲我在兒子的穿著與家用上太過揮霍，爲此相當不滿。我買了一台會觸電的二手縫紉機，自學如何替孩子剪髮。我嗓門變大，身材走樣，更加不修邊幅。

有時候我們不確定還能在一起多久，這期間還穿插著咬牙緊撐、希望爲了孩子改善情勢的時段。雖然我倆好似隨著反向洋流而漂動的兩座冰山，彼此距離越來越遠，但無疑地我倆都深愛孩子。

＊＊＊

「好了，小鬼們，」我把車停在萊娜屋外，將手煞車拉到最高，「別抱太大期望喔。我們只是看看而已。」

我還沒關上駕駛座的車門，他們已經連忙爬出車外，躍上通往萊娜家的小徑。看著他們的金髮映射著陽光，我嘆口氣，心想哪天我才不用努力趕上他們的腳步。

萊娜開門迎接，男孩們迫不及待衝了進去。我爲他們的失禮而道歉。萊娜露出微笑，歡迎我踏進屋裡令人羨慕的寧靜。她家俯瞰一片遊戲場，我常帶男孩們去那裡奔跑，發洩過剩的精力。

「我們只是來看看……」她伴著我走進客廳時，我忍不住驚呼。「噢，小貓咪在這！好可愛喔！」

角落裡的書架下方，有隻散發光澤的古銅色貓側躺著。牠用琥珀色的眼眸盯著我，那種眼睛不屬於貓而是貴族。依偎在她肚子上的是四個小拖油瓶。其中兩隻身上覆蓋古銅色的薄毛。另外兩隻毛色較深，等皮毛長全了，可能是黑色的。我看過出生不久的小貓，但從沒見過這麼嬌小的。毛色較深的其中一隻，幼弱得讓人心疼。

男孩們蹲跪著，對著這幅誕生景象心懷敬畏。他們似乎懂得保持恭敬的距離。

「牠們才剛剛開眼。」萊娜說著，把一隻古銅色小貓從舒適的二十四小時餐館撈起來。那個小東西幾乎還塡不滿萊娜的手。「再幾個月，牠們就準備好去新家嘍。」

小貓扭動身子，發出比較像尖吠而不像喵嗚的聲音。牠的母親焦慮地往上看。萊娜把寶寶放回一家子毛茸茸的溫暖之中，讓貓媽媽殷勤地替小貓舔身子。貓媽媽把舌頭當成巨型拖把，在寶貝的身上掃出平行的線條，然後又對著牠的腦袋大舔一番。

「我們可不可以養一隻，拜託，**拜託嘛！**」山姆抬頭乞求，臉上掛著身爲父母者得極力掙扎才抗拒得了的神情。

「拜託嘛！」他弟弟跟著呼應，「我們不會再往山莫維爾太太的屋頂丟泥巴了。」

「你們往山莫維爾太太的屋頂丟泥巴？」

「白癡！」山姆翻翻白眼，一面用手肘戳羅柏。

可是那些小貓咪……貓媽媽流露著某種氣質，如此自信又優雅。我從沒見過這樣的貓。

她的體型比一般貓小，但耳朵卻不尋常的大，好似一雙成對的金字塔，從三角形的臉龐升起。她額頭上較深的線條悄悄透露著叢林的傳承。也是短毛。我母親總說短毛貓很乾淨。

「她是很棒的母親，純種阿比西尼亞，」萊娜解釋，「我原本想看住她，可是前一陣子她溜進竹林裡。我們不知道父親是誰。我猜是野貓吧。」

阿比西尼亞。我沒聽過這個品種。也不是說我對貓的品種有多了解，我以前認識一隻暹羅貓，是備受我年老鋼琴教師麥當勞太太寵愛的密友。我們的三角關係打從一開始就注定不會有好結局。麥當勞太太用尺往我笨拙摸索琴鍵的手指猛敲，唯一比這個更痛的，是暹羅貓有如皮下注射器般的爪子、深深刺進我腳踝的時候。就因爲他們這一對，才成功地在我心裡種下對音樂課與品種貓長達一輩子的偏見。

「有人說，阿比西尼亞的祖先是古埃及人崇拜的那種貓。」萊娜繼續說道。

的確不難想像這個貓界女祭司坐鎮一座廟宇的模樣。街貓跟貴族的組合很有吸引力。小貓要是能展現父母雙方最好的特質（典雅卻吃苦耐勞），最後會長成很特別的貓咪。話說回來，要是後代凸顯出來的是貴族與粗人比較不討喜的元素（挑剔又粗野），我們就有得忙了。

「只剩一隻嘍，」萊娜又說，「就是那隻小黑貓。」

當然了。大家會先挑身型較大、看來比較健康的小貓。古銅色的小貓比較討喜，因爲牠們有機會變成媽媽那種純種模樣。我本來就屬意黑色的，但可沒想過是像這樣毛鬆稀疏又凸眼的幼貓。

「這隻小的好像很有活力呢，」萊娜說，「爲了存活下去，她必須勇敢一點。頭幾天我們還以爲保不住，可是她撐過來了。」

「是女生啊？」我因爲著迷而傻氣起來，不懂怎麼用養貓人的語彙。

「對。你想抱抱看嗎？」

我深怕把這個脆弱的小東西碰壞，所以婉拒了。萊娜反倒把這團小東西往下放進山姆的手裡。他捧起小貓，用臉頰摩挲她的毛皮。他對毛皮總有一種好感。我從沒見過他那麼細心溫柔。

「你知道我的生日快到了……」山姆說。我猜得到他接下來要說什麼。「不用替我辦派對，也不用給我什麼大禮物。我只想要一個東西，就是這隻小貓咪。」

「你生日是什麼時候？」萊娜問。

「十二月十六，」山姆說，「可是我隨時都可以改喔。」

「在小貓咪還不夠獨立以前，我不喜歡讓牠們離開媽媽，」她說，「這隻恐怕要到二月中才會準備好喔。」

「沒關係，」山姆盯著瞇起的貓眼看，「我可以等。」

男孩們知道現在最好閉上嘴巴，露出天使的模樣。也許照顧貓咪能夠讓他們脫離戰爭遊戲，培養感性的一面。至於芮塔，我們會盡力保護小貓，讓她遠離這隻大狗。繼續堅持下去沒什麼意義。我怎能拒絕這麼一個堅決抓住生命的小東西呢？況且，她是山姆的生日禮物呢。

「我們來養她吧。」我不知爲何難掩笑意。

2 名字

只有一個名字適合貓咪——陛下。

「不公平啦！」羅柏哀號，「他生日可以拿到貓咪還有超人電子錶！」

我從烤箱端出香蕉蛋糕時，燙到手的側邊，強忍住咒罵的衝動。灼燒的痛感湧來，可是大喊大叫也沒用。電動磨砂機的聲音直往我的耳膜鑽，而且男孩們就快爆發第三次世界大戰了。我將蛋糕噹一聲擱在冷卻網架上，眺望窗外的海港。

直探天空的山丘所圍繞出來的海景，彌補了住在斷層線上的危險。要是二十年前曾經有個瘋漢，用品質只比厚紙板好一點的木頭「整修過」這間平房，又有誰在意呢？我們在象牙色的長絨粗呢地毯上晃蕩，對俗豔的壁紙視而不見，一面呼應房屋仲介的咒語：「**特色……潛力**。」況且，我是個樂天派。要是這座城鎮發生嚴重地震，這房子幾乎肯定會從峭壁掉進海裡，可是那天我們可能出門去了。對，我們恰巧會在城中心的高樓大廈裡，而那些大廈就建在特別設計來承受地震高潮的巨型滾軸上。

我跟史提夫都希望我倆的差異，能夠消融於這棟房子的神奇景致裡。來自世界兩端的兩人，彼此的個性就像橄欖油加葡萄果醋一樣難以融合。兩人的婚姻肯定能在這裡好好雕琢並存活下來。況且，史提夫願意整頓一九六〇年代遺留下來的整修工程，前提是不用花大錢。他最近一項震耳欲聾的計畫，就是把所有的門與壁腳板的漆刮掉，讓它們顯露出自然的木頭紋路。

「你可以關小聲點嗎？拜託。」我朝著走廊大喊。

「沒辦法！」史提夫吼回來，「只有一種音量。這是電動磨砂機耶。」

「山姆還要等八個星期才能拿到小貓。」我對羅柏解釋，一邊用冷水沖手，納悶著似乎沒什麼用。「而且，要是你客氣地要求，等你生日的時候，也可以拿到超人電子錶。」

「山姆根本不裝超人了，」羅柏說，「他只是一直在讀歷史跟什麼的書。」

他說得對。山姆的最新階段已不包括漫畫英雄。超人手錶不再是山姆會喜歡的東西。儘管如此，那天早晨打開包裹時，他還是露出微笑，態度謙和有禮。

「我好討厭我的手錶，」羅柏說，「應該送去博物館。沒人在戴滴答響的手錶了啦。」

「哪有這回事，」我說，「你的錶又沒怎麼樣。」

磨砂機的尖叫聲總算停了。史提夫渾身蓋滿漆粉，頭戴口罩和浴帽。

「你看起來好好笑喔，爹地，」羅柏說，「就像大隻的白色小精靈。」

「沒用，」史提夫嘆了口氣，「油漆死黏在木頭上。我得把門拆了。城裡有家店，他們會把門浸在酸液裡面。只有這樣才能把漆弄掉。」

「你要把門全部搬走？」我問，「連浴室也是嗎？」

「只要一兩個星期。」

山姆受到香蕉蛋糕的吸引，逛進廚房來。芮塔跟在後頭，腳趾甲在塑膠鋪布上喀達作響。要是男孩與小狗能成爲雙生靈魂，那麼這兩個就是。她剛到的時候，還是隻牛奶色的小狗，當時山姆才兩歲大。他倆一起長大，不管冰箱何時需要偷襲，或是提早兩星期把耶誕禮物從我們床下挖出來，他們向來都是並肩作戰。

我不記得到底從何時開始，芮塔決定自己是年紀比較大的那一個，毅然擔負起守護者的責任。也許跟羅柏的出生（與山姆相隔兩年半）有關。羅柏到來以後，芮塔開始扛起保母的職務。這隻黃金獵犬會在壁爐前伸展身體，不以爲意地把舌頭垂在地毯上。羅柏把她當成枕頭，吸著自己的奶瓶。跟這種動物生活有其缺點（我們的地毯跟家具都披著一層層的銀白毛髮。而且我想，四處瀰漫的狗味會讓訪客卻步不前），但是這樣的代價微不足道。芮塔的心胸比太平洋還寬闊。我希望那樣的心可以容納一個毛茸茸的嬌小陌生人。

「你幫貓咪想好名字了嗎，山姆？」我問。

「可以叫她小灰炭還是小黑。」羅柏主動提議。

山姆盯著弟弟，表情像是準備撲襲小雞的老虎。

「我想叫 E.T. 也不錯。」山姆說。

「不要啦！」羅柏哀呼，「那種名字很恐怖耶！」

羅柏還沒完全從那部電影恢復過來。他對史蒂芬．史匹柏外星生物的恐懼，提供了豐富的新鮮素材，讓山姆可以拿來嚇唬他。自從山姆跟他說，之字路上的煤氣表就是 E.T. 的表弟之後，羅柏就拒絕走過那邊，除非抓緊我的手。

「爲什麼不要？」山姆說，「小貓看起來有點像 E.T. 啊，身上沒什麼毛，眼睛凸凸的。可是沒有我昨天晚上在浴室看到的那麼恐怖。羅柏，他還在那邊喔，可是你不要看他。要是他看到你在看他，他就會把你吃掉，因爲他沒有牙齒，所以會比被鱷魚吃掉還慘喔……」

「山姆，別再說了。」我警告。可是慢了一步。羅柏已經用手指塞住耳朵，跑出廚房。

「他的鼻子會流出綠色的黏液，先把你的骨頭融化掉，然後把你吸光光！」山姆對著羅柏的背影喊道。

「不好笑。」我低吼。

山姆滑上廚房椅子，仔細打量他的生日蛋糕。調侃弟弟之外的時間，山姆會化成內省的靈魂，與他原本那種狂野戰士的模樣大相逕庭。偶爾我會擔心他腦袋在想些什麼。我在燉鍋裡調製糖霜，我問他想不想幫忙裝飾蛋糕。他說好。只需要幾顆豆形軟糖。

山姆遵守低調過生日的承諾，只邀請住在轉角過去的朋友丹尼爾。他聲稱自己厭煩「那種大家都發瘋的大型派對」。我不得不同意。那種大肆破壞房子、把床單綁在身上跳出窗戶的大群男孩，肯定需要吃點藥，或是該吞下更多的藥。

我在最後一刻感到歉疚，試著勸他邀請更多同件。可是他說，有最好的朋友羅柏跟芮塔在身邊，他就很滿足了。他只堅持一件事，那就是要親自點蠟燭。這個要求還眞是微小。

我把報紙鋪上廚房餐桌，用湯匙將淺色的糖霜舀到蛋糕上。質感終於弄對了，平滑又易於塑形。爲了證明自己是個還算有創意的母親，我把可可粉加進鍋子裡的糖霜渣，攪進一些沸水，在蛋糕上滴出一個大而歪扭的「9」。山姆把豆形軟糖壓進黏呼呼的表面。

他抬頭看我，寶藍色的眼眸黯淡下來，突然露出一副古老睿智的模樣。那副神情我近來看過許多次。這讓我忐忑不安，尤其他所說的話，好像出自一個過去來到世間無數次、明知自己僅是過客的靈魂。

「活著的日子都過得不錯。」他把一顆黑軟糖偷偷遞給桌下的芮塔。

「現在活著是**很棒**的事。」我糾正。

「我好羨慕爺爺喔。他活在汽車和飛機剛發明的時候。後來他看到鎮上有了電跟電影院。感覺一定很刺激。」

「對，可是等你老了，你也會看到更大的改變。那是我們現在想像不到的事。到時你可以跟孫子說：『最早一批超人電子錶，我以前有一隻唷。』」

他往下瞧瞧手腕，嘴唇擺出老練的微笑。我想要拉住他的雙肩，緊緊攬住他，好品嘗他皮膚的香甜氣味。

「我剛剛說要叫小貓E.T.，只是在開玩笑啦。」他用茶匙刮著鍋子，把剩下的巧克力糖霜蒐集起來，送進嘴巴裡。「她媽媽看起來像埃及皇后。我想我們應該叫她克麗奧佩特拉。①簡稱克麗奧。」

「克麗奧。」我用手掃過他的頭髮，心想孩子到底能不能了解父母之愛的痛苦深度。

「這名字很棒。」

「我會多關心芮塔，這樣她才不會嫉妒小貓。我昨天替她刷了兩次毛。養貓咪的事，我們談了很多。我想她會喜歡克麗奧的。」

芮塔把頭靠在山姆的大腿上，用水汪汪的眼睛抬頭望他。

「她好像懂得你說的每個字。」我說。

「動物知道的事情比人多。小狗知道什麼時候會有地震。小鳥會飛越半個地球找到自己的窩。要是人多聽聽動物，就不會犯那麼多錯了。」

---

①譯註：埃及豔后克麗奧佩特拉（Cleopatra, 69-30B.C.），西元前五十一——三十年的埃及女王，以美豔與魅力著稱。

山姆與動物的連結在嬰兒時期就很明顯了。我們出遊的大部分時間，都花在尋覓動物上。不管我們去哪裡，坐在嬰兒推車上有如王者的他，會對著小狗跟貓咪揮動渾圓的手臂。有天，他指著在我們頭上旋繞的海鷗，說出他的第一個字：「ㄌㄧㄠˇ！」

對山姆來說，動物也是種感官的經驗。他熱愛毛皮與羽毛的觸感。我媽給他一條舊的山羊皮厚毯。這條黑白相間的毯子用到磨出光澤。毯子的平滑感足以撫慰人心，山姆每晚都把毯子拖到床上睡在上頭。

他天生就有狂野的幽默感——這是他挑戰界線的工具。他還小的時候要是用了粗魯的字眼，我會佯裝震驚。他會跟在我後面，一面哼著「屁屁、屁屁、大屁屁」以示反擊。他從來不在意高不高調，他會不脫衣服便跳進放好水的浴缸。慶祝八歲生日時，他堅持一直戴著猴子面具、穿上相配的猴子鞋。人生太美好，非得拿它開玩笑不可。我明白他的行爲其來有自。他要不是讓老師覺得別有興味，不然就是驚愕不已。不過，他在八歲時就有十三歲的閱讀能力，這點老師們倒是沒人抱怨。雖然他在學校不會擾亂秩序，卻勇於表現大膽的個人宣言，比方說，要是他覺得我可能來到校園，就會半途蹺課，不然就是在其他男孩努力讓頭髮留長時，要求削成平頭。

我熟知也深愛他身體的各個部位，特別是所謂的瑕疵：學步時期撞上矮桌邊緣，左眉上方留下的傷疤；指甲被啃過的方正雙手；右手掌心中間的疣。我愛極了他門牙的缺角（三輪車車禍）、讓他的眼睛有時看來如此睿智的斑點；被太陽烘烤的雙腳（常常髒兮兮的）與堅實的雙腿。要是沒有這些，他會是個完美無瑕的男孩、一個過於完美而不適合塵世的小天使。他的抓痕、瘀傷跟疤痕組成一種祕密代號，只有我們兩人了解箇中歷史與形成過程。也許知道山姆愛好動物也愛扮小丑，我不確定該怎麼看待他對自己九歲生日的嚴肅態度。也許他想證明自己已經成長了多少。

前門門環喀喀響起。山姆與芮塔快步穿過走廊去應門。丹尼爾似乎了解這是一場低調的生日會。三個男孩圍坐在廚房餐桌，芮塔很有策略地駐守桌下，等著收取盛宴裡屬於她的那一份。壽星男孩點燃蠟燭時，我快拍了幾張照片。當時的氣氛瀰漫著濃密的情感，可是又陰鬱得怪異。

幾星期以後，照片從沖洗店送回來時，陰暗得看不清影像。雖然那天午後廚房裡溢滿陽光，山姆的身影卻籠罩在陰影裡，四周圍著一圈金光。也許我拍照的技術太差。有些人篤信，相機會展現超自然的戲法，或許這就是其中之一。

3 失去

貓咪不像人類，突然的失去對牠們來說習以爲常。

大部分的日子都如此相似，在夕陽西下之前就已遭到遺忘。上千個日子化爲一氣，演變爲月月與年年。我們悠然穿越時光，期待每日都在預料之內，就如同前一天。千篇一律的固定作息哄誘我們，包括同樣的早餐穀片、定時接送孩子上下學，和那些熟悉的臉孔，使我們有如痲醉般地相信自己的生活恆久不變。

一九八三年一月二十一日一開始也是如此。沒有任何線索暗示，那天將會狠狠打擊我們，將我們的生活永遠切割爲半。

早餐過後，穿著睡衣的男孩們在客廳地板上摔角，由芮塔當裁判。史提夫把浴室門的螺絲從門框上解開。這是準備送到城裡酸劑浸泡店的最後一道門，也是引起最多糾紛的。

沒人想在眾目睽睽之下撒尿。

門比外表看來還笨重。要把這東西抬到之字路上，然後擺進休旅車，得靠著我們四人同心協力，加上有芮塔在一旁愉快地跑跑跳跳來打氣。那是一月——夏天的假日時光，男孩們一身銅色，陽光幾乎把頭髮曬白。他們急著想見見那位神祕的酸劑浸泡人，只有我毫無興趣。史提夫把浴室門綁在車上，男孩們鑽進後座剩下的空間。

進城的路上，史提夫把我放在朋友潔西位於郊區、嵌在山丘間的家。我爬出車外，轉身要山姆移到前座。我微笑著告訴他，午餐之後見。他滑進前座時，藍眼的燦光照入我的眼裡。我們毫無理由相信「午餐之後」永遠不會發生。

潔西之前感冒臥床一週，目前正在康復中。她身穿白色睡袍，好似維多利亞時期小說裡的女主角。她在床罩上攤展身子，將大病初癒者的地位發揮到極致。我們喝湯、聊天、笑談自己的孩子。她的男孩比我們的年紀大些，已上中學，成了藝術家型的反叛人物。我想像山姆與羅柏在不久的未來，也會上演類似的荒唐行爲。

電話在某個地方響起。由潔西的先生彼得接聽。我隱約意識到他的聲音在背景響著。他的語調先是斷斷續續，繼而粗糙刺耳。他似乎聽見什麼壞消息。我在想他是不是失去某位長輩親戚。他走進臥房時，我擺出自以爲是同情的神色。他一臉蒼白、焦躁不安，彷彿被捲進戲劇性事件、卻希望和自己毫無瓜葛。他瞥瞥潔西，然後看看我。他的眼眸與縞瑪瑙一般烏黑。他說，那通電話是找我的。

顯然有人弄錯了。誰會打電話到潔西家找我？首先，幾乎沒人知道我在那裡。我一頭霧水地踏進走廊，拿起話筒。

「太可怕了，」我聽到史提夫的聲音說，「山姆死了。」

他的聲音迴盪不已，越過空間竄入我全身的每個細胞。他的口吻從容沈著，幾乎毫無異狀。山姆與死亡這兩個字眼根本兜不起來。我以爲他講的是別的山姆，某位長者、他之前忘了提的遠房表親。

我聽到自己對著話筒尖叫。史提夫的聲音恍如連續幾輪大砲開擊，轟隆隆猛攻我的耳朵。山姆跟羅柏在曬衣繩下面發現一隻受傷的鴿子。山姆堅持要送牠去獸醫那裡。他前一天才看過《鼠譚祕奇》這部電影，對小動物比平常更有同情心。

史提夫當時正在準備午餐的檸檬蛋白派。他跟男孩們說，要是他們要送鳥到獸醫那裡，他們得自己去。男孩們把鳥兒放進鞋盒，抱著盒子走下之字路。萊諾路是外圍郊區通往城內的主要路線。在眾人對車子沒那麼執迷的時代，城鎮的規畫者決定要嵌進一個公車站，提供想爬坡出城的人搭乘。這條道路在步行橋上急遽收窄，道路只有一側有空間設置步道。想要繼續下坡進城的任何行人毫無選擇，只能在公車站過馬路。這個危機四伏的十字路口，並沒有要求車輛放慢速度的標示。

男孩們走到階梯底部的公車站時，有輛公車爬上山丘，停車靠站。羅柏告訴山姆，他們應該等公車開走以後再過馬路。可是山姆急著想救小鳥，決心要以最快速度走下山坡、奔抵獸醫的診療室。他要羅柏安靜，然後從停定的公車後方跑出去，結果被駛下山丘的另一台車撞個正著。

這些字眼像是來自不同拼圖的碎塊，根本湊不起來。一種不像我聲音的夢魘吼聲朝著電話質問，想知道羅柏是否還好。史提夫說羅柏沒事，不過因爲親眼目睹意外，受到嚴重的打擊。一種如釋重負的顫抖竄過我全身。

人們接到駭人聽聞的消息時，據說會感到難以置信。史提夫的用語簡單直接，可是字字句句都像槌子一般直接敲穿了我。我的心崩塌成好幾塊。從潔西走廊天花板的高處，我看著自己在下面哀嚎尖叫。我的腦袋感覺就快爆炸了。我想要用力往潔西家大門的玻璃板上猛撞，讓這種痛楚停下來。

屋裡的氣氛一下子變得尷尬又怪異。我來訪的原意是要逗潔西開心的。現在身穿白睡袍的她卻試著安撫我。潔西受過護士訓練，馬上採取務實的做法。她打電話給醫院的急診室，問山姆是不是D.O.A.①時，我仍具邏輯能力的那部分腦袋解讀了這個簡稱。我當實習記者時，曾在警察深夜巡邏時聽過。**送抵時已死**。潔西無奈地放下電話。

我憤怒地大哭，無法含納這股傷慟。沒有任何人體組織的組合有足夠的彈性，能夠承受這樣的苦痛。我的人生完了。時光有如手風琴般地擠縮起來。我們枯等史提夫與羅柏過來。我拒絕友人提供的茶和酒，呆望光線透窗而入，聽著自己喉嚨深處傳出的怒號。有一部分的我對身體發出的聲響感到好奇，這些噪音好似誦唱般的恆久不停。

爲了羅柏的到來，我想先讓自己鎮定下來。那個可憐孩子目擊的事情已經夠多了。可是我的身心拒絕遵從指示。我化身成一頭咆哮的動物。我們等了大概二十分鐘，史提夫跟

---

①譯註：Dead on Arrival，送抵醫院時已死亡。

羅柏才出現在潔西的走廊，但感覺卻恍如歷經二十個年頭。

他們有如一對鬼魂般地現身：弓著身子好似腹部中彈的悲傷男人，與心理受創的小男孩手牽著手。我以前在難民與戰爭受害者的照片看過那種身體語言。史提夫的面龐茫然如牆，眼神空洞如大理石塑像。羅柏則似乎已經遁入自己的內心世界。我端詳這男孩的面孔，如此順服又克制。我跪了下來，用雙臂環繞倖存的兒子，心想什麼樣的夢魘正在他的腦袋裡旋繞。他親眼看到哥哥被車子輾過喪命。他如何能夠復原？

我緊抓兒子啜泣，全身顫動。我擒抓的力道一定猛烈到讓他恐懼的地步。他扭扭身子，從我的擁抱退開。我試著重新平靜下來，詢問羅柏事情的經過。他解釋他試著阻止山姆，在公車離開以前先在步道上等候，可是山姆不肯聽。他最後對羅柏說的話是：「安靜啦。」

山姆像牛仔一樣躺在馬路上，羅柏說，有一條紅線從嘴裡跑出來。我想了想才意會到「紅線」是什麼意思。他的幼小心靈正用西部電影來詮釋這個場景。山姆成了約翰・韋恩，在一陣槍戰過後平躺在地，舞台妝從下巴流淌下來。那是我第一次見識到，小孩對死亡的認知有多麼不同。

我們麻木地往車子踉蹌走去，羅柏問能不能把山姆的超人手錶給他。我很詫異，不過他畢竟只有六歲。

馬路宛如甘草糖棒一樣在我們下方展開。房子以醉眼迷茫的角度一一退去。我討厭這個處處山坡、街道彎扭的城鎮。它的一切嚴酷又醜陋，瀕臨毀滅的邊緣。我不想回到那棟房子去。我無法面對那條之字路與山姆的物品。可是我們無處可棲。

史提夫問我想不想看看那條步行橋時，我用頭往車窗猛撞，放聲尖叫。我再也不想接近那裡。他繞遠路回家，這樣我們就不用經過那座陸橋下方的陰影。圍觀的人可能還在那裡，搖頭尋找瀝青上的血漬。

我喉頭深處射出好似火焰般的指控。我對史提夫大吼，責問他為何不載男孩們去獸醫那裡。他回答，他當時忙著弄檸檬蛋白派。我如母狼一樣野性大發，指控他竟然更在意檸檬蛋白派而不是兒子。儘管我心裡較為冷靜的那部分明知自己的行為殘酷又不理性。

史提夫默默地承受這些指責，毫不反擊。他指出，到獸醫那裡只須走下山坡一小段路程。他也提醒我，男孩們知道過馬路的規則，而且山姆一旦有了什麼點子，誰也阻擋不了他。「我們都知道山姆**過去**對動物的反應。」史提夫竟然改變時態，眞是過分。

我的心思有如章魚，急著搜尋各種可能性。也許弄錯了，山姆沒死。史提夫拒絕被拖進我的幻想裡。史提夫已跟救護車司機談過，對方向他表示很遺憾，我們的兒子往生了。

往生？這個字眼觸發了另一波暴怒。以前念新聞學時，助教對我們諄諄教誨，死就是死，不是往生、走了，或是在主懷裡安眠。天天目睹死亡的救護車駕駛怎麼可能用這種委婉用語呢？

史提夫不理會我的咆哮，繼續重複駕駛所說的話。即使奇蹟出現，讓山姆在受到如此嚴重的腦傷之後存活下來，他唯一的勝利不過是以植物人的狀態過完這輩子。我的潛意識逮住了那個零星資訊。

死去。了無生氣。走了。這些帶著終結感的字眼。要是我們的兒子死了，那麼就表示有人害死他。我的心思沸騰，氣急敗壞地想找人怪罪。一個該受懲罰的殺人犯。我在腦袋裡創造一個好萊塢電影似的壞蛋，一個充滿仇恨、惡貫滿盈的男人。

「是個婦女，」史提夫說，「開藍色福特雅士的婦女。她用過午餐要開車回去上班。她的車子幾乎沒有任何損害。只有一個車燈撞裂。」

我兒子的命都沒了，對方卻只有車燈撞裂？我要殺了她。

踉踉蹌蹌地走下通往房子的之字路，我無法相信，以後永遠不能感受山姆坐在我大腿上的重量、手臂環繞我脖子的感覺。「永遠不能」是那麼終結的字眼。芮塔在門口迎接我們，偏著頭，狐疑地仰望我們。我撲上去抱著她的頸子大哭起來。她垂下頭，尾巴捲縮到後腿下面，往地板趴下。山姆的話語在我腦海裡迴盪。動物都明白的……

我拿著話筒的雙手顫抖著，撥下這輩子最糟的一通電話。老媽接起電話時，語氣平淡。沒有什麼可以減少這項消息的衝擊。她疼愛的外孫走了。我扮演的親職角色如今成了終極敗筆。我聽到她吸入一口氣。她的嗓音低沈起來。我心裡作爲觀察者的那一小部分因爲她的平靜回應而詫異。她屬於比較老練與強悍的世代，歷經二次大戰的摧殘後，已發展出一套策略來應付天崩地裂的創痛。她的表現令我停下叫喊與號哭，她說她馬上過來。

我把超人手錶繫在羅柏的手腕上，自己則撲向山姆尚未整理的床鋪，床單與毯子都還留有他活生生的體型。我飲下他衣服的氣味，腦海裡響起他說話的聲音。史提夫領著我到客廳去，哄我張開口飲下一杯白蘭地。熱騰騰的酒精衝撞我的血脈。

過了一個鐘頭左右，兩位尷尬的年輕警察來到門前階梯。他們說鴿子還活著，問我們要怎麼處理。生命的邏輯到底哪裡出了差錯？一隻小鳥怎麼可能比我們的男孩有更多存活的權利呢？史提夫請他們照著山姆的意願，將鴿子送到獸醫那裡。警方需要找人去太平間指認屍體。史提夫鼓起勇氣去了。

他回來的時候臉色灰敗。他說，山姆看起來還是一樣。美麗如昔。要不是額頭側面有個裂口，不會有人知道出過意外。只有一個小小裂口。他原本想剪下一綹山姆的頭髮，可是忘了帶剪刀。我渴望那一綹頭髮、任何屬於山姆的一部分，可是史提夫已經繃得像快斷掉的橡皮筋。我不能硬要他回太平間去。

＊＊＊

老媽出現在門口。她似乎扛著三倍的悲傷重量。在她自己的傷慟之上，我看得出來，她還背負著對我們幾個人的關懷。她開了五個鐘頭的車，應該也累壞了。我本以爲她會嚎啕大哭，但她卻挺起肩膀，將頭抬高。我看過演員踏上舞台前也這麼做。

「我剛剛看到這輩子最美的夕陽，」她說，「一道道燦爛的紅色跟金色。我想山姆一定就在那裡。」

我備受蹂躪的心，把她的話語詮釋爲冷酷無情。她怎麼能把自己的外孫拱手讓給夕陽呢？

老媽卸下行李時，禮儀師登門造訪。他坐在客廳角落，港口的燈光在他背後充滿惡意地閃爍不停。他詢問山姆的尺寸——高度與寬度。**他自己沒九歲的兒子可以量嗎？**他說，大家比較偏好替孩子選擇白色棺木。**死亡還有流行時尚嗎？**針對這件事，我跟上帝還要再議論一番，在這種時候我無法面對教會儀式。有人推薦新任的大學牧師。由他來墓地旁邊主持簡短的儀式就可以了。禮儀師毫不遮掩自己的不苟同。當時我因爲他的冷漠而感到震驚，現在我才明白他可能不知該說什麼，所以只好緊攀著專業訓練的框架不放。

禮儀師大步踏入黑夜之後不久，大學牧師謹慎地跨過長絨粗呢地毯走來。他很年輕，離開學校沒多久，一副戒慎恐懼的模樣。他說他沒有埋葬孩子的經驗。我們說我們也一樣。他問我們想要什麼時，我直想放聲尖叫：「還不夠明顯嗎？我們要孩子回來！」他面對的是個令人卻步的任務。幸好我心裡還留有足夠的理智，能替他感到難過。我提議寫首詩，讓他在墓地旁邊朗讀。

我們的家庭醫師來到，振筆開立安眠藥的處方箋。她啜飲一杯咖啡，若有所思地表示，從山姆的角度來看，也許這不是壞事，因爲成人的世界也不好過。

史提夫說他從羅柏那裡把超人手錶拿走了——那麼快就把那支錶轉手，讓他很不自在。我表示抗議，可是他向我保證，羅柏能夠諒解。史提夫把手錶收在他書桌的盒子裡。

芮塔橫著身子，趴倒在男孩們的臥房門口。我們試著哄勸羅柏去睡他自己的床，可是他不肯睡在跟山姆共用的房間。他的眼神閃著恐懼，說裡面住了一頭恐龍。史提夫把他的床墊抬進我們的臥房，放在窗下的角落。就像遭遇船難的水手，我們緩緩漂入沒有山姆的頭一晚。我原本以爲自己一定睡不著，可是無意識來得好像斷頭台落下的刀刃，速速將我送入慈悲的虛無。

離開已經改變的世界還算簡單，而重新返回那個世界，卻幾乎讓人不堪忍受。翌晨，我張開眼睛，聽到一隻畫眉鳥的啼鳴，牠「突克突克」的回音在山丘之間迴盪。一時半晌，我想像生活如常，剛剛才從一場醜怪的夢魘甦醒。接著前一天的事件在我腦裡炸開，以一種讓我作嘔的恐怖，將我驟然推入絕望的深淵。

史提夫也不好過。意外過後幾天，我在他有如瀑布般的淚水中醒來。他從未在我面前哭泣過。當時我應該伸手擁抱他的，可是我半睡半醒，心煩意亂、毫無頭緒，只是叫他別再哭了。我沒想到他會把這個要求當眞，而從此不在我面前表現憂傷。

我們的屋子擠滿了花，一天天過去，它們的脆弱開始讓我疲憊。在夏日熱氣裡，花瓶裡的水發出腐臭味，空氣中瀰漫池塘死水的臭氣。每個房間裡的花梗彎垂，花瓣好似淚水一般飄墜在地。

史提夫斷定是花讓我難過。也許他沒錯。他開始把新送來的菊花、百合與康乃馨花束（外觀完美卻讓人思及死亡）藏在花園的灌木下，讓我眼不見爲淨。無法判斷誰的行爲比較怪異——一見有人送花來就歇斯底里的悲痛婦女，或者是把贈花藏在樹叢下的丈夫？

前門永遠開著，一批批的人（很多是陌生人）踩過我從沒喜歡過的地毯，穿越走廊紛紛到來。有些人滿嘴陳腔濫調或是引用聖經的話，直到我期待他們趕快離開。唯一能引起我共鳴的是莎士比亞的話——「時間全亂了套」。其他訪客一臉憤怒，其中有一位是醫生，他說他目睹了那場意外。他說他個人也受到了撼動。他自己有兩個兒子。他的憤怒根本離題了。醫生似乎很擅長把負面的詮釋注入氣氛裡。

有幾位（大都是婦女）宣稱自己經歷的痛苦與我不相上下。他們淚水噴湧、索討安慰，把啜泣的臉龐塞到我面前。他們說話很沒技巧：「要是我遇到這種事，我鐵定活不下去」；「至少這樣能給羅柏一個茁壯成長的機會，他向來都活在哥哥的陰影裡」。我推斷他們是在藉機放縱自己，甚至可能是瘋了，不過我再也無法分辨理智與瘋狂之間的界線。

原本的我僅剩扭曲的殘餘，好似歇斯底里的丑角，想對著他們的蒼白臉龐與顫抖嘴唇尖聲高笑。他們說他們在父親／小狗／祖母去世時，也有「同樣的感受」，我眞想賞他們一巴掌。老人意料之中的死亡怎麼能與此相提並論？

有的人則是眺望窗外的海港，默默沈思。海灣對人類的痛苦無動於衷，兀自閃閃發亮，透著不可思議的綠松石色。我在它的美麗裡找不到安慰，痛恨它漠不關心的閃爍。

新聞學校的毛利族朋友菲爾・汪格沒先通知就跑來了，只是用手臂環抱著我。我們以前不曾特別親近，可是比起我被逼著傾聽的千言萬語，他的擁抱帶來更多的安慰。比起我們，菲爾的文化背景對死亡沒有那麼多的恐懼。菲爾不覺得有必要大聲檢視這件事故的反常之處。我對他心生感激。

大多數時候我都坐在沙發上，呵護著烤山姆的生日蛋糕時手部的燙疤。我無法接受的是，這傷疤仍然屬於生者的世界，但山姆卻已不是。

我們的生活支離破碎，浴室沒門更是雪上加霜。浴室好似我們的心，被撕扯開來供人參觀。前來弔唁的訪客無法在保有隱私的狀況下解手。我們也不能。史提夫在門框上釘了一條浴簾，可是單薄的花簾掀動著，還搆不到地板，讓訪客一路露到膝蓋。我以前不明白一扇門可以是多麼有價值與高貴的家具。可是話說回來，以前有很多事情我也從未想過。

＊＊＊

葬禮過後幾天，我向老媽保證我們會好好的。她沒把握地點點頭，爬進她的日產掀背車。史提夫的母親從英國來電。她說她到劇場去看知名靈媒，我嘆了口氣。看來靈媒把她叫到舞台上，告訴她山姆要我們知道他沒事。史提夫轉述時，我不耐煩地點點頭。每個靈媒唱的都是同一套老調。靈媒接著描述山姆所在的一個奇怪場景。好似寄宿學校，可是更有趣。我正要針對英國靈媒，還有他們傾向在通靈時重現酒吧、茶室等典型英式場景的景象，大大貶抑一番時，卻冒出了另一件事。史提夫的母親說，她不知道靈媒在說些什麼，可是也許我們聽得出所以然來：山姆說沒關係的，羅柏可以留下他的手錶。

4 闖入者

貓咪不會前往受邀的地方，而是出現在被需要的所在。

永永遠遠。山姆永遠走了。那要持續多久呢？那是某種永恆嗎？永恆的象徵符號是∞。要是我在某個宇宙公車站裡等得夠久，山姆會轉回我身邊嗎？

永遠不會。我再也看不到他了。除非我相信天堂、輪迴轉世或是靈媒提到的寄宿學校。我無法想像山姆在寄宿學校的模樣，即使是天使經營的。他會弄清楚有哪些規定，然後馬上打破，這樣他就能被退學、送回家來。

要是這些另類的現實（無論現在或未來）存在的話，我也沒有接觸的管道。儘管如此，我喜歡去想像自己繼承了老爸對非物質世界的某些連結。莎士比亞的作品裡，他最愛引用的一句就是：「天地間無奇不有，遠超過你的哲學想像之外。」①

老爸常提起年輕時在手術台上的瀕死經驗。當時他沿著一條閃爍發光的隧道往上衝射，在頂端遇見一群精彩絕妙的人。他置身其中，喜不自勝，可是接著卻有個溫柔的聲音告訴他：「抱歉。你得回去喔。」

穿過隧道迅速滾落凡間，他說，是他此生最大的失望。這個經驗讓他敞開心胸看待鬼魂、自然靈體、顯靈板，或是任何不屬於他所謂「制度性信仰」的精神形式。他說他遇過太多那種自稱基督徒，卻沒表現出耶穌教人欽佩的特性的人。

老爸的確是個非比尋常的人。他的藍眸有如翠雀，視線習慣在人的周圍遊移而不是穿過對方。他常給人一種印象，就是同時跟對方與其隱形的同伴說話。

有些人會很樂意死於高爾夫球場上。老爸在一場音樂會中場休息時，也做了類似的事。兒子們還小的時候，老爸帶我跟老媽去聽一場音樂會。剛聽完他最愛的布魯赫小提琴協奏曲，他轉向我說道：「老天，這裡頭的音響效果真棒。」說完，他的腦袋突然往胸膛一垂，

---

①譯註：莎士比亞劇作《哈姆雷特》裡的台詞。

發出痛苦的叫聲。我用手臂繞住他的肩，問他是否還好。他抬起頭盯著舞台某處，露出狂喜的微笑。這次不管誰在隧道的頂端，說的都是「上來吧！」而老爸迫不及待地過去了。

雖然我們相當震驚，但這對老爸來說是種完美的死法。他準備好了，也心甘情願。期待他返回我們身邊，幾乎有點自私。可是山姆是另一回事。我尋找山姆可能仍然在我們身邊的跡象。要是窗簾顫動，總是微風引起的。我在牆上看到形似山姆頭形的影子，結果只是蕨樹枝幹在屋外揮舞。

我們找到的唯一訊息，就是他用綠色彩筆高高寫在臥室牆上的「傻蛋」，那時史提夫剛開始貼壁紙。山姆得登上梯子，才能在那裡留下塗鴉。用開玩笑的方式來減輕期待，就是我們兒子的典型作風。要是他有什麼話想告訴我們，那就是他覺得我們沈湎於悲傷之中實在很傻。

永遠不會。山姆永遠不會長大，無緣品嘗陷入愛河的狂喜，無福享受眼見自己孩子出世的喜悅。永遠。這個世界永遠失去他了，人們記憶中留存的是一個無緣長成男人的好男孩。唯一能阻止這些字句在我腦中打轉的方法，就是走到落地窗那裡（因爲與房子連成一氣，所以沒辦法拆下來泡酸液），用深紅色的小張刮漆紙攻擊窗框。**永遠不、永永遠遠、永**

遠不，直到我的手腕發痛、指頭流血到快爆出火焰的地步。透過落地窗看到的城市、山丘與海港景致感覺相當惡毒。隨著每次刮磨的動作，我就剝除另一層痛苦。也許等木框終於裸露又平滑時，我的心也會隨之痊癒。有一次（在日光下或天黑時？），史提夫溫柔地將我從那扇無法提供我解答的門窗帶開。我那種毫無意義的執迷行爲令人不安。

有少數幾次，我鼓起勇氣踏入外面的世界（由商店與辦公室組成、缺乏人味的舞台布景），毫無顧忌地把自己的悲劇丟給陌生人承擔。「我兒子死了。」我向郵局櫃台後面的女人吐露。「對，三個星期以前他被車輾過。他才九歲。」女人的臉色頓時發白，整個人變得又瘦又長，似乎想讓自己融進宣傳著新產品的郵票海報裡。她緊張兮兮地瞥向門口，說她十分遺憾。她的語調平板而溫和。對什麼感到遺憾？遺憾我把她當成嚇人訊息的接收器？或是遺憾我竟然靠近她的櫃台？

一股愧疚感油然而生。我何必毀掉這個正常人的一天呢？她只不過是要混口飯吃。她大有理由認爲我瘋了、胡說八道，或兩者皆是。

我也跟銀行收納員說了。他也有類似的反應。想將自己的傷口大剌剌地暴露於陌生人面前，這是什麼樣的需求呢？目睹對方的震驚與不安，藉此得到的滿足根本微不足道。在世上重新尋得自己的定位、貼著標籤讓陌生人讀取，最終強迫自己接受無法接受的事——我對這點肯定有某種需求。往昔的哀悼者穿著黑衣整整一年，或許這種做法有其道理，其中傳達的就是，服喪者即使在最好的狀況下仍是不穩定的。

我痛恨待在家裡，淪爲滿心憐憫的訪客的標靶，可是我也難以面對外在世界。我沿著大街走逛，替僅存的兒子添購新衣。我想找質料精美、可以永遠保衛與庇護他的名牌兒童服飾時，卻一下子迷途而無所適從。眾人的臉龐有如潮水般漫湧而來，那些陌生的臉龐脫離了身軀，我奮力壓抑哭喊出聲的衝動。光彩奪目的櫥窗往前傾斜，威脅著要將我壓垮於人行道上。我的雙膝一軟。有位認識的人見到我，引導我回到車上。我對自己的窘迫倍感難堪，向她致謝之後，便將她支開了。

我趴在方向盤前大口呼吸，想看清自己的模樣。髮絲直豎於頭皮上的骷髏人頭。我瞥瞥後視鏡，驚見兩眼通紅、仍然年輕的二十八歲女人。

我們試著回歸正常生活，不管正常生活應該是什麼樣子。史提夫暗自背負著悲痛的重擔，加上我的哭泣與嘶吼，讓他疲累不堪。於是，葬禮過後幾星期，他打包行李，夢遊般地出海一週。我盼望他能在船上固定的作息與秩序裡找到平靜。

幾天以後，我聽到前門門環砰砰敲響。我在走廊盡頭陰影的庇護之下，仔細端詳毛玻璃嵌板後方的人影。輪廓雖然很女性化，但身形卻相當陌生。對女人來說似乎高了些，頂著一頭蓬亂短髮。

坐在廚房餐桌的羅柏抬起頭，他正用新的樂高玩具組建造一座太空站。過去幾週以來，他收到無數的玩具與衣物，閃亮的包裝紙讓人眼花撩亂。芮塔過去曾是可靠的看門狗，這時卻仍舊蹲伏在男孩們的房門口，僅僅豎起一隻耳朵。打從意外發生以來，她就懶得活動，悲痛欲絕的她幾乎不肯抬起頭來。每當有人想安慰她，她只是哀傷地轉轉眼珠。

「別去應門，」我說，「他們等一下就走了。」

我們最不需要的就是多來一位訪客。我筋疲力盡，麻木到骨子裡，無法好好說話。況且還得把來龍去脈**重講一遍**。當我解釋兩個寶貝兒子沿著馬路走去，卻只有一位回家來的過程，對方會用漩渦般的眼神盯著我。重述這個故事時，好似在空蕩蕩的教堂用單旋律誦念一般，讓我疲憊不堪。我不想要他們的眼淚，我厭倦他們那種到癌症病房探望似的語氣。

要不，也許這位訪客是送食物來的那種。過去三週以來，不管收受者胃口如何而供應的食物，紛紛出現在門前階梯上，無數的盤子裡堆滿三明治、鬆餅、烤雞。那些下廚的人，我很感激他們的務實與克制。他們不具名的禮物讓我從情緒的碰撞中稍稍解脫。雖說我對食物提不起興趣，可是餐點似乎也漸漸消耗掉了。

空盤子在我們廚房長凳上越堆越高，讓我頗有罪惡感。我不知道盤子是誰帶來的。也許這名訪客是那種有足夠勇氣重訪喪家、討回餐盤的善心人士。

不，不管在毛玻璃後面流連的是誰，我都不要開門。他或她可以在踏墊上留下食物、花束，或是措辭誇張的卡片，然後返回沒有痛苦的人生。

我往後退入廚房的安全防護裡，那個人影敲敲玻璃。芮塔彈起身子，同時發出吠聲。自從山姆死去以來，她頭一次發出不是悲嗥的聲音。

「乖女孩！」我撫搓她有如厚毯般、討人喜歡的背部。她搖著尾巴撲向前門。玻璃後面的腦袋滿懷期待地挪挪位置。不管那是誰，都已聽到了吠聲跟我的回應。現在別無選擇了。拒絕開門完全是老派的無禮行爲。

我用手指套住芮塔的頸圈，然後轉動門閂。陽光直戳我的腦袋。那個典雅的身形正屬於萊娜。她優雅修長的手臂牽著與羅柏同齡的兒子傑克。

大部分人都不會讓孩子過來。羅柏的摯友裡，除了一兩位之外，其他全都與我們保持距離。這點可以理解。對孩子來說，祖父母的死就已經難以招架了，更別提與他們同齡之人的毀滅。誰知道，同輩的人驟然離世，對他們尚未形塑完成的神經系統會產生何等影響？沒有證據能斷言悲劇不具傳染性。

看到別人的孩子時，我會有何反應，我自己也沒什麼把握。只要有人提及孩子的名字，特別是山姆那個年紀的，一種復仇式的怒意就會在我心裡沸騰。**我兒子都死了，你兒子憑什麼活著？**

萊娜的兒子眼睛眨也不眨地仰頭看我，接著瞅向芮塔。芮塔歡天喜地想掙脫我抓住她頸圈的手。傑克的視線繞過我往走廊望去。這是一次半正式的拜訪，卻沒有那種「我眞是遺憾極了。要是有**什麼**能幫忙的，請讓我知道」的老套，令人耳目一新。

「你想看看羅柏嗎？」我問那個孩子，免得萊娜說出我預期中的陳腔濫調，「他正在月球上蓋一座城市。」

傑克站定不動，唇邊閃過一抹微笑。

「你想要的話可以用廁所，」我東拉西扯，努力阻止芮塔揮動舌頭、用口水淹沒他，「只是現在恐怕沒什麼隱私。他們說刮掉油漆要花兩個星期，可是弄了好久。我們現在有點混亂……」

萊娜像柳枝一樣彎身俯向肩袋。那是一只豔麗多彩的大型拼布袋，極可能是這藝術家親手做的。她把手探入袋裡，拿出一隻有著一對三角大耳的小東西。它黑漆漆的，軟毛不規則地東一撮西一撮，而不是均勻地覆蓋全身。也許萊娜縫了什麼玩具，想安慰因失去哥哥而傷悲的小男孩。

那個小東西的頭一動，讓我警覺起來。牠的眼睛鼓凸，好似一雙玻璃珠子。一組小巧到不可思議的腳，穿過萊娜的指間披垂著。我想起早產兒的照片，他們被擺在成人的手旁邊，以便呈現迷你的身體比例。如此無助的有機體，一定很難支撐自己的生命吧。

「我們帶小貓來嘍。」萊娜帶著從容的微笑說道。

小貓？什麼小貓？

「山姆的小貓！」羅柏說著，衝過玄關，擠過我身邊。

芮塔高聲吠叫，跳脫我的掌握。她的後腿往上一躍，差點把萊娜撲倒。小貓往萊娜的胸脯縮去。對那個小東西來說，我們的狗看來一定像隻大怪獸。這兩隻動物顯然不怎麼喜歡對方。

「娃兒，坐下！」我低吼，「她不習慣有貓。」我再次牢牢抓緊芮塔的頸圈，領她沿著走廊回到屋裡。

「別擔心，老東西，」我用手揉揉她的毛，「我們會想出辦法來的。」

芮塔似乎明白，被囚禁在廚房裡只是暫時的不便。那隻小貓，山姆的小貓，並不屬於我們的房子。她就像是搭乘太空船（佯裝成萊娜的拼布袋）翩翩來到的外星人E.T.，來自另一個時空。山姆仍在我們身邊時，生活完好無缺，那時的我們和現在不一樣。既然我們已經破碎，只剩過往自我的磨損殘餘，這裡沒有可以容納小貓的位置。我們身邊沒有位置。

那次意外已經證明，我身爲九歲孩子的家長有所失職。在這種時候，不可能有餘力應付動物寶寶跟她的所有需要。我哪有能耐撫育這樣嬌小又脆弱的生物呢？況且，芮塔吃的苦頭已經夠多了。她的生活現在早已一團亂，絕不需要一個死敵來雪上加霜。

萊娜必須把那個闖入者帶回去。她能體諒的。找一個比我們更有準備的家庭來照顧小貓，對她而言並不困難。這動物看來挺可愛的，況且萊娜是個頂級銷售員。走向前門時，我準備好自己的說詞。萊娜會失望，但她的挫折感比起我們的經歷算不了什麼。

我走到前門台階時，看到陽光在萊娜周圍映出了光環，她俯身把小貓放進羅柏的手裡。

「她是你的嘍。」萊娜語氣溫柔地說。

「抱歉，萊娜……」我正要長篇大論一番。

可是我瞥見羅柏的臉龐。他柔情款款地俯望小貓，用渾圓的手指滑過她的背。我看到我以爲早已從世上消失的東西：羅柏的笑容。

「歡迎回家，克麗奧。」他說。

5 依靠

貓咪總是挑對時機來到對的地方。

羅柏抱著小貓進屋去了，萊娜轉身就要離開。我一時驚慌，猛地抓住她的胳臂。

「有件事該讓你知道，」我悄悄傾吐，「我其實對貓沒什麼好感。娘家是有貓沒錯，可是牠們住在房子底下，我們偶爾餵餵而已，牠們並不友善……」

萊娜的臉沈了下來。她眞的需要聽聽這番話。不把實情告訴她，後果恐怕更糟糕。

「其中一隻會在老媽的鞋子裡拉屎，偏偏老媽穿鞋以前忘了先檢查。她一踩到，就會放聲尖叫，整間房子都快倒了。重點是，萊娜，我很確定我們比較適合養狗。」

萊娜轉過頭來，模樣好似一朵散發異國風情的百合。她掃視我們花園的一片矮樹叢，視線落在芮塔用來轟炸草坪、堆積如山的狗糞時，嘆了口氣。

「這隻小貓非常特別，」萊娜說，「要是你不喜歡貓……」

「我也不是不喜歡啦，」我繼續說道，「只是我眞的不知道該怎麼照顧。我沒讀過養貓的書。」

「貓很好照顧喔，」她用幼稚園老師的語調說道，「比狗容易多嘍，一點都不麻煩的。讓小貓待在室內一兩天先安頓下來。要是你有任何問題，撥個電話給我吧。要是你改變主意，也可以退還給我。」

「可是……」萊娜似乎不明白我早已打定主意，我不想要這隻小貓。

「她只需要一點愛。」

愛。這個字從舌上翻滾而出如此輕鬆自如。比起「義大利麵」、「四十四隻石獅子」、「拜託，永遠別來煩我」，臉部的肌肉輕鬆得多。我的心已被撕扯開來，徹底粉碎，怎麼可能爲了這個小生物，再擠出一滴類似愛的東西呢？

況且，即使因爲某種奇蹟，這小東西在我們的陪伴中存活下來、長大成貓，那也是一份近乎永無止境的艱辛責任。

我都還沒婉轉地詢問這種貓能活多久呢，萊娜對我的評價想必已經降低不少。就我記憶所及，跟我一起成長的貓，即使是那些半養半野放的，能跟我們共同生活六年以上，就算很幸運了。牠們大部分都是慘遭意外，通常父母會以肅穆正經的用詞來形容：「被毒害」、「被輾斃」或「遠走高飛」。他們不鼓勵我們進一步追問。要是問「誰做的？」或「在哪裡？」，他們都千篇一律地回答：「誰知道呢？」

即使奇蹟降臨，這隻小貓有辦法活到九歲高齡，等於一路看著羅柏長到十五歲，感覺好似未來的一百萬年。考慮到我們內分泌系統所受的摧折，我懷疑自己真能活那麼久。

萊娜露出淺淺微笑，帶著傑克沿著小徑隱去身影。可憐的萊娜，我應該更圓融一點的。她把小貓交給自稱愛狗的人，心裡一定很掙扎。儘管如此，她保證可以退還。也許我可以讓羅柏跟貓咪玩個一兩天，再把她送回愛貓家庭的懷抱。

芮塔在廚房門後大聲嗚咽。

「別擔心！」我對老狗喊道，「我們會解決這件事的。」

羅柏蜷縮在客廳角落，把這小東西攬在懷裡。要說這小東西漂亮甚至美麗，等於是在說艾爾頓・強的眼鏡①很低調。牠就像是包在擦碗巾裡的生命殘片。你會拿回百貨公司換成內容比較飽滿的玩具。我拒絕把牠當成擁有名字的東西，可是如果牠真有名字，「克麗奧佩特拉」也太長太繁複了。那麼微小的東西不足以擔起超過單音節的名字。牠不會留在我們身邊多久，所以目前用「牠」就足夠了。

山姆的觀察非常精準。突出的腦袋、比吸塵器管還窄細的脖子，這動物更像外星人而不像小貓。對非愛貓族來說，稀薄的毛髮，暴露出過多關於貓咪身體結構的資訊。我試著不去注意披覆在牠胸腔上半透明肌膚的皺褶。皮膚是深沈的炭黑色調，仁慈地隱藏了表面下動靜起伏的某些細節。如果我看得更仔細，可能還會看到一顆小小心臟在湧動。還是別開目光比較保險。

怎麼有東西一生下來身上就有那麼多額外的皮膚，眞是一團謎。牠手臂（前腿？）下方鬆垂的皮膚，多得足以拿來充當翅膀。腹部下面垂著個鬆垮的皮袋。多餘的肌膚至少足以拿來製作另外兩隻動物。身爲一胎中最弱小的一員，要掙扎求生顯然很不容易。哥哥姊姊們肯定會把孱弱的手足從母親身邊推開，好塡飽自己的肚皮。

---

①譯註：英國歌手 Elton John 在一九七〇與八〇年代出道早期喜用五彩繽紛、花梢華麗的眼鏡。

這隻小貓得好好吃飯與成長，才能填滿那些空空的皮袋。即使如此，牠也沒有機會變得多體面。這隻小貓變大、長肉的版本，有成爲怪胎的潛能。我往後退一步。牠絕對是那種只許遠觀不宜近看的東西。至少毛色是一致的。這隻小貓黑到不能再黑。從爪子、腳底肉墊到貓鬚，全是黑的。只有眼眸打破了這項規則。那一對閃爍微光的綠鏡，幾乎不像是貓的。肯定是從另一個世界偷來的。羅柏用手指摩挲小貓的額頭，她愛慕地仰頭回望。我的心猛抽一下。突然之間，小貓看來不再醜陋了。陽光映照著毛皮。她的眼眸發散深情的光芒，渾身綻放某種銀白色的光澤。整個房間充滿了所有新生物純粹的美。他們倆在一起看來如此完美，好似經典的廣告場景。

「山姆說得沒錯，」羅柏小心翼翼地把克麗奧遞給我，「動物會說話呢。你聽聽。她在低吼喔。」

也許是因爲她輕微體重帶來的暖意、四肢的脆弱或是毛皮的柔軟，當我把她放進手裡，我的胸膛突然溢滿奶油融化般的感受。「那不是吼，」我用手指撫過她纖細如珠的脊椎骨節，「她在呼嚕叫。」

那張無辜的毛茸茸臉龐，籠罩在一對大耳的陰影之中。當我凝望這張臉，一時內心隨之顫動不已。雖然我們失去山姆，讓我有時覺得自己也被帶走，但這個微小的貓族生物卻壯起膽子、毫無歉意地闖進我們的世界。不只如此，蜷縮在我手裡的她，顯然期待事情有完美的結局。她嬌小無助，除了依靠我們以外，別無選擇。

克麗奧懶洋洋地伸展一隻腳掌，打了呵欠，露出棒棒糖般粉紅色的嘴巴，裡面排滿看來危險的牙。驚人的眼眸與我對望，臉上的神情與她的脆弱尺寸不大搭軋。她堅定的目光道盡一切。就她來說，這是一場勢均力敵的會面。

「摸摸她的耳朵嘛，」羅柏說，「軟綿綿的唷。」

克麗奧不反對自己的耳朵被揉了揉。事實上，她埋頭堅定地往我的手推蹭，想加強接觸。她的耳朵纖細有如古董絲綢，滑入我的指間。

我完全沒料到自己會得到獎勵。她用宛如砂紙的舌頭擦掃一回，就是獎賞的形式。克麗奧往我手背一舔，宛如情人初吻般地教人驚顫。一部分的我想要抱住她，永遠不放開。另一部分的我傷勢慘重，面對撲襲而來的情感海嘯心生警覺。愛終歸帶來失落。伴隨每隻寵物而來的就是那紙不成文的契約：牠們可能會先走一步。你對牠們投注越多情感，牠們的離去就會引發越多悲痛。對克麗奧敞開我的心，等於把一枚傷痕累累的臟器擺在機場停機坪上，任憑飛機起降。

「我們來看她走路的模樣。」我彎身把小貓放到地板上。我們看著她好似發條玩具般慢慢越過地毯。對她來說，粗呢地毯有如茂盛的草原。她把蟲子般的尾巴當成船舵一樣擺動，忽動忽停地踱向那盆橡膠樹。

我對那盆橡膠樹從來沒什麼好感，是從以前住處的舊屋主那裡承接下來的。我逐漸明白他們為何拋下它。它有光滑如蠟的大葉子，有種堅不可摧、略微乏味的存在感。就像晚宴上不受歡迎的賓客，偷聽每場談話，卻顯少貢獻自己的看法，或許除了心情好的時候，才多少給點回應——像是植物吐出的氧氣。我們搬到之字路這裡時，本來打算把它留在原地，可是搬運工誤把它連同我們的家具一起放進卡車。

我把橡膠樹移植到一只醜陋的橘色塑膠盆以後，它頓時信心大增，冒出大小如飛盤的深綠枝椏，觸鬚緩緩伸展，攀繞畫框，爬越窗簾橫桿。嚴格來講，這要命的東西比較像一棵大樹，懷著想吞沒整座郊區的野心。我用一把樹籬剪子試著修剪一下，但那只是鼓勵它把餐具櫃包圍起來。

距離橡膠樹的橘盆一公尺處，克麗奧暫停腳步，蹲伏身子，以獅子偷偷潛近羚羊的決心，緊盯她的獵物——懸垂在低枝上擺動的一片葉子。她的腰臀顫動著，等著葉子最沒防備的時候。獵物傻呼呼地沈浸在屬於葉子的思緒裡，讓克麗奧十分滿意。接著，她冷不防發動猛烈攻勢，露出爪牙，咬穿受驚被害者的肌膚。

接著怪事發生了。從某個怪異的聲音開始，起初相當陌生，是種輕柔的咯咯響，接著是某種模糊的打嗝聲。我們撐開嘴巴，喉嚨後方的軟組織痙攣，可是這次發出的不是哭聲，而是笑聲。我跟羅柏竟然在笑。幾個星期以來，我們頭一次盡情享受人類最單純又最複雜的療癒技巧。悲痛將我深深拉進它的地牢，讓我忘了該怎麼歡笑。得要有個男孩、他的小貓跟一株橡膠樹，才能讓我施展一項維持人類理智的根本功能。過去幾週的恐怖爲之化解，苦痛的掛鎖一下子鬆開。我們笑了。

在這場克麗奧跟橡膠樹對打的戰爭裡，誰占上風還用問嗎？葉子是克麗奧的兩倍大，跟植物的莖幹緊緊相連。每次她想用爪子去抓，它馬上無禮地彈向天空。

「她眞是個有膽量的小東西。」我說。

小貓突然停下動作，癱靠在後臀上。她仰望我們，發出專橫的一聲喵叫。我們不需要口譯員。克麗奧厭倦逗我們開心了。她要求被撈起來摟抱一番。這時，廚房傳來哀傷的嗥叫，穿過牆壁迴盪不已，提醒我們該讓克麗奧見見這棟房子的女主人了。

我指示羅柏把芮塔從廚房放出來，由我抱著克麗奧。但要是狗兒撲向小貓、想吃掉她呢？這得需要成人的肌力來制止那隻狗。唯一的選擇就是交代羅柏留心抱好小貓，由我帶芮塔進來。

從廚房的拘禁解脫，芮塔欣喜若狂，往我身上澆滿口水。我像個獄卒般緊抓她的頸圈，但她似乎渾然不覺。

「好了，娃兒，我們要你見見某人，」我的口吻聽來像是牙醫介紹鑽子給初次體驗的病人，「沒什麼好擔心的，可是你要很溫柔喔。」

這隻黃金獵犬很清楚我們的去向。宛如拖著滑水者的噴射船，她硬拉著我往客廳直奔。羅柏站在窗邊，不安地抱緊克麗奧，用下巴貼著。芮塔瞥一眼小貓，頸圈底下的每條肌肉爲之緊繃。克麗奧的眼睛瞪大，變成一雙閃耀的珠寶。小貓鼓起皮毛，讓自己脹大兩倍，雖然大小都還不足以嚇唬吉娃娃。她拱起背部、壓平耳朵。就在我以爲情勢不會更糟糕時，芮塔狂吠起來，恍如槍響一般刺穿空氣。這下子可憐的小貓咪準會嚇破膽。

體型大小比不上對手的任何正常動物，應該都會縮進羅柏的臂彎裡，可是克麗奧不是普通的獸類。她從人類堡壘往下虎視眈眈，把瞳孔縮得細如針尖，發射出足以恐嚇整個犬類王朝的惡毒之光。接著她齜牙咧嘴，露出兩排尖針般的平行利牙——然後低聲嘶叫。

我、羅柏跟芮塔都凝住不動。克麗奧的原始嘶聲相當駭人，是蟒蛇在吞下兔子以前會發出的嘶聲、配得上埃及豔后克麗奧佩特拉的嘶聲。那是一種不容爭辯的尊貴嘶鳴。

頸圈下的芮塔一時慌亂，癱坐下來。小貓的凶猛讓這隻黃金獵犬備受震撼，她垂下腦袋，端詳地板。這頭老狗露出沮喪困惑的模樣。

接著我恍然大悟。我一直誤讀了芮塔的訊號。她在門口撲向萊娜是歡迎而不是攻擊。剛剛的低吼是相當友善的興奮，吠叫則是邀請對方一同玩耍。芮塔的情感受到傷害，不僅因為我誤解她的用意，也因為這隻沒比她前掌大多少、卻格外暴躁的小貓。

「不要緊，」我說，「把克麗奧帶過來吧。」

羅柏用手臂呵護著克麗奧，謹慎地走了過來。芮塔仰頭凝視小貓的表情如此溫柔與善良，簡直是從德蕾莎修女那兒偷來的。儘管如此，我仍舊緊抓她的頸圈。

「看吧？芮塔不討厭小貓。她只是不確定要怎麼交朋友。把克麗奧放下來，看看她覺得怎樣。我不會放開芮塔的。」

羅柏往後退幾步，把克麗奧放到地板上。小貓站穩四隻腳，對著龐大的屋友眨眨眼。克麗奧穩定地往芮塔逼進，芮塔把頭一偏，豎起耳朵，發出輕柔的哀鳴。克麗奧終於走到芮塔腳掌邊，停下來仰望聳立於前的龐然狗臉。接著克麗奧繞了兩圈，像毛毛蟲一樣蜷縮起來，依偎在芮塔的巨足之間。

我們的黃金獵犬因爲自己被當成超級保母而高興得顫抖。打從男孩們的嬰兒期以來，我從沒見過她母性直覺如此滿溢的模樣。芮塔向來很保護我們的孩子，我知道她對待小貓的方式一樣值得信賴。

不只我們的心被搗爛成碎漿。不管芮塔能運用什麼樣的犬類解碼系統，她一定知道山姆出了什麼事。就某些方面來說，芮塔的傷慟比我們的更加凝固。她無法藉由語言跟淚水得到釋放，只能躺在地板上，靠意念將時光耗掉。我們的輕拍與細語似乎只能提供暫時的慰藉。可是小貓在這隻老狗心裡重燃了什麼。也許芮塔的心韌性夠強，能再敞開最末一回。

當我放開芮塔的頸圈，她的舌頭好似儀式的旗幟一樣展開，憐愛地將克麗奧從尾巴吸哩呼嚕地舔到鼻尖，然後又舔回來，這位年幼的闖入者毫不猶疑地屈從接受。

「克麗奧今天晚上要睡哪裡？」羅柏問。

「我們在洗衣間替她鋪張床。我會裝熱水罐替她保暖。」

「不可以啦！她會想念她的兄弟姊妹，會做噩夢。我要她跟我一起睡。」

打從一月二十一日以來，羅柏不曾在同一個句子裡提到「想念」、「兄弟」。儘管如此，超人手錶還是緊緊地繫在他的手腕上。白天的時間，羅柏給人的印象好得教人驚奇，彷彿是一個享受著毫無創傷生活的孩子。夜晚則是另一回事。他受到被怪獸駕車追逐的夢魘百般折磨，在我們臥房角落的床墊上睡得很不安穩。

「臥房的空間不夠容納我們三個人跟貓咪，」我說，「而且啊，克麗奧在適應新環境的頭幾個晚上，可能會吵鬧喔。」

「我不在乎，」他說，「她可以到我以前的臥房，跟我一起睡。」

羅柏跟山姆共用的臥房還是空蕩蕩的。我們把山姆的衣服和玩具打包，放進學校的愛心回收箱然後動手重新裝修房間。史提夫將牆壁漆上亮黃色。我車了一些藍色小精靈的窗簾，釘上一張米老鼠的海報。史提夫釘好組合床，漆成紅色。我買了鮮豔的新床罩。即使一片耀眼的原色組合，這番改造對羅柏來說，似乎沒有什麼差別。我想像他將一直睡在我們臥房的角落，直到二十一歲生日甚至更晚。

「羅柏，你準備搬回你房間啦？」

「克麗奧晚上要有人照顧啊。」

那晚，羅柏待在全新的舊臥房裡，幾乎跟新來的小貓一樣迷惘。剛漆上的油漆刺激著我們的鼻孔。床罩的顏色有些刺眼。新床單爽脆又冰冷。

浸過酸劑的浴室門板在那天午後送返並重新裝好，原本就讓人不自在的新穎感更是變本加厲。即使房子在我們周圍一片片拼湊成形，但我們對未來抱持的信心卻遠不及它。

這些日子以來，有些最受喜愛的床邊故事要刻意避開。《火腿加綠蛋》因爲有**我是山姆**這個角色，所以被排除在外。我無法面對《拼命挖洞的小狗》，因爲主角是個對自己小狗死心塌地、名叫山姆．布朗的男孩。我們選定《一條魚兩條魚》，它的韻律如此熟悉又讓人安心，大半內容我憑著記憶就能朗朗上口。克麗奧蜷縮在我們兩人之間。

我們讀到最後一頁時，我察覺羅柏的焦慮感好似在海平線湧起的波浪。「你確定這裡面沒有怪獸嗎？」他不安地往床下直瞟。

「絕對確定。」要跟他說最恐怖的怪獸藏在哪裡，現在時機似乎不對。它們精明地藏在我們的腦袋裡，伺機等待我們最脆弱的時刻——就寢時間，或是我們生病和擔心的時候。

「你可以幫我檢查一下嗎？」

「我看過了。」

「你可以再看一下嗎？」

「好吧。」我再次檢查躲過吸塵器的一堆塵團。

「窗簾後面呢？」

我把克麗奧抱起來（我爲什麼一直要找藉口抱她呢？），把窗簾的一角往後撥開。我頭一次在城市熠熠閃亮的燈海裡，察覺一絲希望。眞是如此嗎？更可能的情況是，那些燈光要著殘忍的把戲，嘲笑我們竟敢忖度今晚會不會好過一些。

「沒有怪獸喔。」我動作堅定地把窗簾緊緊拉上。「好了，晚安，親愛的小鬼。」我搓搓他的髮、親吻他的額，品嘗他肌膚的美妙氣味。怪的是，每個孩子出生時都帶著特有的香氣，複雜、醉人，爲人母者馬上認得出來。在那一刻，我的性命如此仰賴他的生命，我好奇他對這點是否略知一二。要不是有他的勇氣作爲模範，要不是他對我的需要，白蘭地加上幾瓶安眠藥鐵定會對我產生強大的吸引力。

「你看過衣櫥了嗎？」

「裡面只有足球跟雨衣。」

「現在可以把克麗奧給我了嗎？」

小貓。正式來說，是羅柏的小貓。我把那團毛茸茸的東西放進羅柏的左臂彎時，他嘆了口氣，把拇指舉至唇前。他跟克麗奧有很多相似之處。妻子失去丈夫時變成寡婦。雙親俱亡時，孩子被稱作孤兒。就我所知，沒有字眼可以拿來稱呼爲姊妹或兄弟哀痛的人。要是有這樣的字眼，就可以拿來描述這男孩跟小貓。自從出生以來，他們的生活充滿了手足的笨拙擁抱、打打鬧鬧、熟悉的聲音與身體的溫暖。現在兄弟被殘酷地剝奪而去，他們迷茫又害怕。可是他們又如此勇敢而充滿生氣。他們唯一的選擇就是依偎著共度夜晚，相信明天自會找到解決方案。

我將燈捻熄，在內心的黑暗螢幕上把當天的事件檢視一遍。在沒有山姆的情況下生活，殘酷的痛楚持續穿透一切。儘管如此，我幾乎帶著一絲罪惡感地意識到：過去二十四個小時並非全然淒苦無望。

當然，還得說服史提夫才行。不過就小貓來說，克麗奧證明自己的教養很不錯。

6 醒悟

小貓知道，開心比自憐更重要。

「啊！救命啊！」

我睜開眼睛，頭髮被釘在枕頭上，痛煞我也。有野獸在攻擊我的頭皮，扒抓我的頭髮，發出危險的啃嚼聲。一定是從電視上的野生動物節目逃出來的老虎或獅子，不管是什麼，牠都把我誤認爲可吃的羚羊。牠的呼吸散發令人窒息的魚腥味，偏好的口味顯然也遍及海洋哺乳動物。

「是克麗奧啦。」羅柏咯咯發笑。

克麗奧？小貓怎會在幾小時內幻化成啃噬女人的黑豹呢？

「把這傢伙拿開！」我喊道。

「她才不是『這傢伙』咧！」羅柏說著，一面把纏在我頭髮裡的小貓拿開，輕柔地放在地板上。她的腿還沒碰到地毯，就已經跳回床上，重新撲向我的頭髮。我極度痛苦地哀號。小貓滿足的呼嚕聲鑽過我的耳膜迴盪著。這就是貓咪的獵物臨終時聽到的聲音嗎？

我將那隻動物從我的腦袋拉開，一把她擱到地板上，她又彈跳上床。我眞想不通，體積那麼小的東西怎能躍過身高的好幾倍高度呢？她就像沒拿竿子的奧林匹克撐竿跳選手。也許她的後腿做過手術，植入了彈簧。我嘆口氣，把她用力拋回地板。她再度彈上來，閃現光芒的雙眼有如霓虹招牌，一對大耳好似蛾蝶的翅翼。她似乎以爲這是一場遊戲。我們被排山倒海而來的傷慟歷程所吞沒，復原機會極爲渺茫，而這隻動物對這一點卻毫不尊重。

「不不不要啦！」我哀號，拿枕頭當盾牌。克麗奧喜孜孜，對自己滿意極了。隨便一個人都會以爲她是世上首創「攻擊頭髮—彈回床上」遊戲的生物。仔細想想，她搞不好就是。枕頭沒什麼防護作用，克麗奧乾脆往枕頭底下鑽。我再次把她放回地板上。她往上跳。下。上。下。上。要是我不做點什麼，這套固定的舞碼會持續一整個早晨。

要是史提夫在家，也許我可以拿他當人體盾牌。可是他還沒正式同意在屋裡養貓，更別提會吃人的那種貓了。克麗奧對他來說只是個貓的概念。我在電話上把她身體的每個起伏都描述給他聽了。「你會愛上她的！」我說。即使我使出最佳的行銷技巧，他的語氣仍不怎麼熱中。我一點都不期待看到他從海上返家之後的反應。他對克麗奧漸生好感的可能性，就像天主教教宗面對佛教一樣。

我不情願地滾下床，披上晨袍。還沒完全清醒的我踩著重重的腳步邁向廚房時，卻感覺被什麼東西拉扯。我一低頭，只見克麗奧掛在我的晨袍腰帶上，恍如攀著樹藤的泰山。

「好皮的小貓！」我把她從腰帶上剝開，放到地板上。我試著討回腰帶，繞過腰部時，她卻往我的大腿撲來，爪子刺進我的皮肉，狂亂甩動尾巴，以利牙擄獲腰帶。我發出痛苦哀號，是那天早上的第二回。

把小貓從我的大腿剝開，引發的痛苦甚於世上最糟糕的除毛熱蠟。對付這隻幼貓顯然只有一種手段：堅定。我把腰帶繞過腰部，綁了個結，盡可能尊嚴莊重地往前挪步。克麗奧往前衝刺，在我的腳踝之間迅速閃跳，然後戛然止步。我以單一的慢動作，絆過她隆起成丘的脊椎，繼而飛越過空，還好及時抓住壁毯，沒整個人趴在她身上。

我抓緊繩結壁飾的流蘇花邊，用足以媲美瑜伽專家的姿態凝住不動，接著連忙開口致歉。小貓翻滾仰躺，舉起一隻彎折的腳掌，露出受傷的神情緊盯著我。我竟然把她弄痛了，心裡很過意不去。

就在我彎身要抱她起來時，那顆毛茸茸的球爆出生命力，彈起身站好，猛地衝離我身邊。我鬆口氣並跟上去——直到她再次突然彈起停下，又一次把我絆倒。然後竟然**又來一次**！

克麗奧似乎斷定我是個可笑至極的動物：頂著鳥巢似的頭髮，堅持用兩腿到處騰跳。她的任務就是要壓下我的氣焰，要我四腳著地，這樣我就能體會貓族的活力熱情。

可是我不需要一隻瘋狂的小貓。這隻動物沒有權利在喪家舞動穿梭，彷彿生命是某種玩笑。我想，要是山姆在這裡，他會知道怎麼讓她平靜下來。我幾乎能看到他彎身伏在她上方，伸出手，嘴唇濕潤柔軟……

我快步走到浴室關上門，那裡是我唯一能暗自飲泣的地方。羅柏已經見識過大人的悲痛，不須目睹更多。要是那天沒發生那些事就好了。如果山姆沒發現那隻鴿子，如果史提夫沒有忙著做檸檬蛋白派，如果我沒去朋友家，如果那個女人沒開車回公司……**那個女人**。全是她的錯。我好奇她有沒有孩子，到底知不知道我們經歷的苦痛。我的心思把她轉化成妖獸。

一連串刺耳的啜泣猛地爆發。我把額頭倚在冰涼的藍色瓷磚上，緊抓腹部，努力不讓自己發出太多噪音。我的胸肌作痛。人類淚腺的能耐讓我驚奇。一雙眼睛能夠塡滿多少桶子？就在我自以爲已經超過一輩子的眼淚額度，一卡車儲量的淚水再度淌下臉頰。哭泣變成有如呼吸的另一種身體功能，某種不花什麼力氣就會發生的事。

我屈身伏在馬桶上，一部分的意識脫逸，在浴室天花板上飄浮。它仁慈地俯視著這個帶著傷痕與恨意的女人彎身號哭。這個從高處綜觀情勢的另一個我比較客觀超然，有點像鬼魅似的。也許它打從我出生就已存在，而我這輩子都用情緒、責任與服從，把它排擠出去。

同時它也讓我害怕。我會不會受到誘惑，想隨它一起永遠飄開，含笑冷眼俯望人間戲劇？蛻去皮囊，逃離痛苦，這件事頓時變得十分誘人。我拉開藥櫃抽屜，迎著光高舉安眠藥瓶。每顆藥丸都像一個許諾，透過棕色玻璃閃著幽光。藥丸還剩不少，聞起來不會很糟。用足夠的白蘭地灌下去，應該還堪忍受。我將蓋子旋開。

浴室門開了個縫。該死，我剛剛沒關好。浴簾一陣拂動。我以爲羅柏沒把前門關好，讓穿堂風在屋子裡鑽竄，我傾身把門關上。門仍舊被輕推開來。我往下一瞥，看見有隻黑色腳掌掃過門縫。克麗奧推了進來，踮腳跨過瓷磚，喵喵喵要我抱她。我嘆口氣，把藥丸擱回抽屜，靜靜關上。要安排一次永遠的退場，會是一種放縱的終極作爲。克麗奧魯莽地闖進浴室，讓我想起自己的責任。有個男孩跟一隻小貓的生活需要持續下去、需要有人把他們養大，我無權在此時選擇退出。我用雙手兜起克麗奧，埋在她的皮毛裡啜泣。她似乎不介意被當成手帕，還發出呼嚕聲，用鼻子蹭蹭我的頸子，如此深情地凝視我，教我吃了一驚。兒子們的嬰兒期過後，沒有哪個生物對我獻出如此純潔眞摯的愛。一會兒我平靜下來，把小貓放回地板上。她跳著離開，而我則去找羅柏。

這間房子一夜之間整個變了形。走廊如同戰後的殘景。粗呢地毯上散布著好幾個超市購物袋，其中夾雜著一些配不成雙的襪子。羅柏的藍白運動襪，皺縮在史提夫的一隻襪子旁邊。一只彩虹條紋的睡襪蜷繞著滾落的體香劑瓶子。體香劑的瓶蓋有如拿破崙的帽子，瓶身好似亡故的將軍——自知此戰已敗，飲彈而亡。

家庭娛樂室的地氈一片皺亂，神祕地歪斜著。燈罩歪歪掛著，恍如利落時髦的頭飾。椅子與桌子以略微不同的角度重新排列。窗檯上的照片翻倒。垃圾桶傾倒，吐出蘋果核與口香糖包裝紙。

廚房百葉窗頹掛一半，往上或往下都無法動彈。仔細檢查，發現窗簾細繩要不是被精準地截斷了，就是被嚼穿了。

我以為是竊賊破門潛入，趕緊衝往客廳。讓我詫異的是，音響跟擴音器都還潛藏在醜陋的膠合板櫃子裡。電視也寸步未移，但一堆慰問卡在夜裡長出翅膀，飄落在地。

橡膠樹盆栽傾倒一側，搖擺不定的葉子伸展過沙發與矮桌。盆子裡的泥土崩塌在地毯上。泥土裡還點綴著三顆子彈形狀的糞塊。

我從不以房子的裝潢保養自豪，但這太過分了。我們的小貓在天黑以後竟然會轉性。她簡直就是貓型的狼人嘛。

這漫長的一天將往撒滿襪子、倒下的盆栽與超市購物袋、腳踝頻被刺咬的地平線伸展。

「*克麗奧在哪裡？*」我吼道，把我滿懷母愛親手為羅柏縫成的毯子撈起來。這條毯子耗費我數個月時間才織好。我把母愛的展現緊抱胸前，三個被啃掉一半的流蘇飾物掉落地面。

芮塔從她在門口的睡覺崗位上，懶洋洋地動了動一隻耳朵。羅柏聳聳肩。外面的蕨樹上有隻小鳥在練習音階。海港有艘船響起嗚嗚笛鳴。屋裡靜寂得詭異——只除了廚房傳來的叮咚怪響。

我大步越過油地氈，向那個只有我十分之一大小的生物宣戰。時鐘從廚房水槽上方的崗哨發出單調的滴答聲。水龍頭好似沒有節奏感的鼓手，對著排水口咚咚垂淚。除此之外，一片靜寂。我們那個毛茸茸的不良少女已經躲起來了。

我莫名地把手伸向烤箱的門。幸好我們沒在等瑪莎・史都華①來訪。油漬淌落箱門前側玻璃，好似凝凍的淚水。我明年或後年會找一天把它們清掉，或者不管哪天，只要日曆上標有「世界清理烤箱日」的那天就行。一組烤盤在幽暗中怒瞪著我。

我正準備檢查放鍋子的櫥櫃，便聽到盤子砸碎的聲響。羅柏把洗碗機的門往下拉開。克麗奧在昨晚的碗盤之間衝撞，玩得不亦樂乎，沒注意到我們。她不理會我要她出來的哀呼。羅柏把手伸進洗碗機時，克麗歐暴衝出來，在他的雙腿間蛇行，接著在我們來不及碰到她的滑溜毛皮之前一溜煙跑開。

---

①譯註：Martha Stewart (1941-)，美國居家生活大師。

我聽別人說過，小貓很愛玩，幾乎跟新生兒一樣棘手。幾乎？拜託喔，嬰兒至少會待在搖籃裡。嬰兒可不會刻意攻擊你的頭髮，或是讓你摔個過空飛，讓你下半輩子可能坐輪椅度日吧。這隻小貓的行爲已超過無論是人類、動物或植物的常態曲線。她難以控制，破壞力十足，搞不好患有精神病，外加戀襪癖。不到二十四個小時，她就已經從無助迷人的貴族蛻變爲發狂的野生動物。

我們沿著走廊追逐克麗奥，躍過襪子與超市購物袋，卻不見她的蹤影。我們停步傾聽，卻只聽見自己費力的喘息。

我透過羅柏的房門細縫窺看。蜷縮在他枕頭上的是幼貓可愛的身影。她深情地喵喵叫嗚，伸展身體，打了個最漂亮的呵欠。克麗奥已經變回我們最初愛上的生物。

羅柏走向她。克麗奥的雙眼倏地睜大。她瞪著眼睛，兩耳後貼，用尾巴鞭打枕頭。我們還來不及更靠近，她就已彈起身子，像個淘氣的思緒般飛掠過房間。羅柏撲向地板，想用橄欖球的擒抱法制住她。她蛇行閃過他的掌握，跳到他的書櫃上方，忙亂地攀上小精靈圖案的窗簾，用爪子當釘鞋，讓我們抓都抓不到。

小貓吊在小精靈王國上晃著，充耳不聞我對室內裝潢的顧慮。儘管如此，往天花板一瞥，就確定她無法爬得更高。不過，她也不願選擇溫馴地落入我們的懷抱。在一口氣都來不及吐完的時間裡，她就落到我的肩上將之當成跳板，繼而撲向地板。

她一回到地毯上，狂亂地繞著房間彈跳，陸續從窗櫺、床鋪與書櫃彈跳而下。這是台能量足以供應一間舞廳運轉的發電機，光是看著她就教人筋疲力盡。

這種情況維持不了多久的。我們原本就不是愛貓族。我們的房子不再屬於我們了。克麗奧入侵此地，讓我們成了囚徒。雖然她很嬌小，但她的個性塡滿了每個房間的各個角落。要是她沒從洗衣籃裡偷襪子，也沒去嚼珍貴書本的外皮，那麼就是躲在購物籃裡等著偷襲我們。

說實在的，她惹出來的麻煩把我們從痛苦中轉移開來。把心思耗在擔心她正在房子哪個角落搞破壞的那一刻，就是並未沈浸於哀痛裡的一刻。可是我身爲人類都已經不大能充分運作了，更不適合應付克麗奧這種純粹的自然勢力。

唯一比她的存在更令人不安的，就是她突然莫名的消失。「克麗奧呢？」我讓橡膠樹復活、把糞便清掉以後，喃喃自語著。這房子太靜了。羅柏發現她在廚房放垃圾桶的櫥櫃裡吃剩下的馬鈴薯皮。

我曾經在哪讀過，貓一天需要十七個小時的睡眠。小貓理應需要更多才是。從我們環境的損害程度看來，過去二十四個小時，克麗奧很可能只睡了三個鐘頭。克麗奧應有的睡眠時間被某個平靜幸福家庭裡的小貓偷走並占爲己有了。那隻貓盡情享受額外的睡眠時數，在某處一方陽光裡的座墊上打盹，什麼麻煩都沒惹。毫無壓力、徹底被寵壞的主人望著愛貓鼾聲連連的豐腴體型，對牠的乖順天性倍感驚奇。

我已經無法再多忍受一分鐘了。我說動羅柏陪我出門避風頭一兩個小時。他同意的唯一條件，是去逛寵物店。

我們悄聲繞過棄置的購物袋，走向前門。我平順地轉動門鎖，避免發出可能招來注意的響亮咔達聲。就在我把羅柏先推出去時，最靠近門口的超市袋子突然漲大兩倍，爆出生命，發出嚇人的嗥叫。一隻迷你黑豹從袋子深處騰跳出來，牙齒刺進我的腳踝。

我試著把她甩開。在達爾文的自然位階上，小貓比我們人類低了好幾層。她沒有權利（更別說腦袋跟科技）扣留我們。儘管如此，她仍然使盡渾身解數。

羅柏撿起一只襪子甩了甩。克麗奧馬上就爲之著迷。凶猛度：10。注意力持久度：0。她跟著那件針織品跳躍舞動。羅柏把襪子拋向走廊另一端，她快步追去。

克麗奧的尾巴隱入暗影時，我們溜出前門。拜託！她只是隻貓咪耶！我老媽的聲音在我腦海裡訓斥。可是，自從我試著把兒子們留在日間托兒中心（那裡顯然是希特勒的直系後代所經營的）以來，我的罪惡感從沒那麼深過。

我們沿著小徑走到之字路上。一種莫名的力量卻把我往後拉。我轉身看到小貓從羅柏的窗戶往外窺視。要是賀曼（Hallmark）卡片公司的代表沿著之字路閒晃過來，他會跟她簽下一輩子的約，專拍過度多愁善感的照片。讓她窩在籃子或花園盆栽裡、垂掛在耶誕襪子上，拍那些讓人難以抗拒的照片。

剛剛在浴室裡，她把我從最淒涼的時刻拯救出來，我心存感激。她美妙出色，令人讚嘆，但根本無法共同生活。

7 馴化一頭貓

等人們一準備好，貓咪就加以馴服。

貓咪根本不可能跟人成爲盟友。要是人類罩子放亮一點，在幾乎有整個動物王國可以選擇的情況下，會選擇與他們更相像的動物來馴化成寵物。顯而易見的選擇是猴子。猴子渾身毛茸茸，頭腦靈光而且不大吃肉，還可以學些把戲。可是人們大體上對靈長類動物沒有好感。他們在猴子的眼裡認出同類生物的狡黠閃光。

反之，人類偏好與自己最凶惡的敵人——獅子、老虎與狼（牠們不會坐在人們腳邊提供娛樂，而是大口啃齧人類的骨頭）——有緊密關聯的生物。

寵物店大都迎合著這種偏好。可能是出於習慣或直覺，我直接往狗區走去。這個如同阿拉丁神宮的地方，有著吱吱作響的小球與橡膠骨頭，是芮塔的天堂。羅柏帶我到另一邊去，指著一個他認爲很適合給克麗奧當床的軟墊。豹紋花色的外罩的確反映了克麗奧的某些特質。

店員的注意力完全集中在我們身上，推薦一袋小貓的乾糧（小貓的特製食品？我幾乎聽得到老媽的哀號。這世界是瘋了嗎？接下來就會有女人來治理這個國家了）。店員說我們的小貓會很愛塞了貓草的絨毛玩具，並補充說明貓草會讓貓咪玩得特別起勁。想像克麗奧用了貓族迷幻藥的模樣，我直說不了謝謝。

我們往櫃台走去的路上，她說服我們買下一袋貓砂，和裝貓砂的塑膠托盤。我明明不想要小貓。等史提夫回到家以後，發現克麗奧的驚人本事，我幾乎肯定他會大發脾氣。那我們買這些配備要做什麼呢？羅柏踮起腳尖，把貓床推過櫃台的玻璃平台。

女店員是個出色的推銷員。她對羅柏露出燦爛笑容，問他小貓叫什麼名字。羅柏說出名字時，得意得臉色泛紅。他接著說道，她是世上最棒的貓咪。

* * *

生命相當複雜。我繞遠路回家，沿著溪谷蜿蜒開車，經過我跟兒子們以前常去餵鴨子的植物園。如果壞天氣連續把他們困在家裡好幾天，去拜訪鴨子向來是個消耗精力的好辦法。不管是有羽毛或毛皮的，動物總是有辦法觸碰孩子疲憊煩躁的過動靈魂，讓他們平靜下來。看到棕鴨滑過波光粼粼的水面，讓我們三人與更寬廣的世界互通聲息；在那個世界裡，一切問題似乎迎刃而解。我們離開鴨子池塘時，心裡往往平靜許多。春天之際，我們會算算小鴨子的數量，總是比前一週少一兩隻。然而當鬱金香盛開時，我們是不可能哀悼太久的。兒子們在一行行炫目的鮮紅、粉紅與嫩黃花朵之間奔跑，髮絲在陽光下燦亮金黃。

我問羅柏想不想看看鴨子，但他急著回到克麗奧身邊，而我也無法獨自面對那些鴨子。我今年也不會來看鬱金香了。它們得獨自綻放。威靈頓的每個角落都有些什麼，會讓我們痛徹肺腑地想起過往。整個城鎮就是一座大墓園。

可是家裡不再是讓我們逃離這個世界的簡陋避風港。二十四小時之內，那隻小貓掌權坐鎮，把它變成克麗奧之家，入侵我個人空間的每一公分，在我的腳踝之間蜷縮；在我坐下來喝咖啡時急急爬上椅背；尾隨我到浴室去，一等我坐在馬桶上，便跳上我的大腿。散落一地的襪子、超市購物袋，以及前晚所有的間接損害，都還有待清理。要是我不想對史提夫浪費唇舌解釋，我就得翻電話簿找人修理窗簾拉繩。誰知道我們出門期間，她又做了多少壞事？

也許我們不需要回家。我們可以繼續開車，直到上了沿著海港蜿蜒的高速公路，然後往北行。我們可以把房子、貓咪、岌岌可危的婚姻，以及朋友們有如往傷口灑鹽的同情心，一股腦兒拋在腦後。可以到新普利茅斯（我成長的鄉下小鎮），跟老媽一起住半個月，直到我倆逼瘋對方為止。反正，我跟那個小鎮似乎再也合不來了。不管我何時回去參加葬禮或生日會，大家老是一成不變地問兩個問題：「寫作的狀況如何？」以及「你什麼時候走？」第二個問題答來總是比第一個容易。我從不把自己的工作歸類為「寫作」，反倒比較像是跟生活也一樣不完美的人們分享故事、一起放輕鬆笑一笑。看我專欄的讀者就像我的朋友，另一項好處是他們幾乎永遠不會出現在我眼前。近來他們體貼得讓人驚奇。我已經很習慣透過每週的一篇文章，跟他們分享生活的親密層面，把山姆之死告訴他們似乎還算恰當。

唯一的另類選擇，就是繼續寫些關於家居生活的趣事，彷彿不曾發生過什麼事（這不可能），或者乾脆不寫。我坐在床上，往手提打字機裡頻頻掉淚，重述那恐怖之日的事件。我不知道自己正接上了療癒的偉大泉源。信件與卡片紛紛湧來，展現了陌生人無邊的慷慨大方。他們的信件帶給我的力量，幾乎勝過其他事物，其中幾封的執筆人也曾失去孩子。我在手提袋裡隨身帶著一張細心打字的信紙。這封信是一對印度夫婦寫來的，他們兩歲的孩子進國家公園裡遊蕩之後，再也不見蹤影。他們說，事件發生十年之後，他們仍感悲傷，但是熬過來了。他們活生生地證明了：以可怕方式（總是可怕的）失去孩子的父母，仍然能夠倖存下來。

更大膽的選擇就是繼續往北開，直到抵達奧克蘭的俗豔燈光，那裡的人口比威靈頓更多，我可以找份報紙或雜誌的工作。只不過，唯有瘋子才會雇用一位哀痛欲絕、疲憊不堪的單親媽媽。

我把車子輕靠在之字路頂端、布滿蕨類的泥土路塹旁。這個城市以灰色立方體的形式在我們下方綿延鋪展，窗戶在陽光中閃爍。用完午餐、回公司路上奪走山姆性命的女人，就在其中一棟辦公大樓裡。我真想知道她的長相、正在忙些什麼。正從文件櫃裡拉出一份檔案？還是在講電話？威靈頓那麼小，我們一定有共同認識的人。沒人提到他們認得她。也許他們感覺得到，要是讓我看到她，她的生命將會受到威脅。很快她就得出庭接受死因審理，坦承自己酒駕或超速。她不久就會受到懲罰。

跨過辦公大廈區，先經過萊娜的家，再越過山丘，才是山姆安息的墓園。墓園過去的馬卡拉海灘，會有一個個家庭在那裡善用僅存的夏日時光。母親們會把墊毯鋪在石頭上，盛倒柳橙甜飲，跟孩子說海浪沒有表面看來那麼冷。男孩們會往激浪衝去，浮起雞皮疙瘩的皮膚在海波中晶瑩閃亮。其中有些男孩是山姆的朋友。我不想再見到他們或他們的母親。

一陣南來的微風刺激著我的鼻孔。住在斷層線上的房子，把這地方連同我們的婚姻修補起來，這個想法不久以前還讓我津津有味，可是頓時似乎比登天還難達成了。

羅柏手忙腳亂地下車，急著想把床給克麗奧看。我扛著貓砂與塑膠托盤，跟著他下坡走向房子。我試著替自己做好心理準備，以便面對「現在已經屬於貓咪」的房子新一波的地獄亂象。幸好房子還直挺挺站著，橫梁的漆料在陽光下剝落。不見小貓的蹤影。

我轉動鑰匙時，迷你小豹穿過走廊朝我們跳躍而來，揮動尾巴好似旗幡。她發出歡迎的尖叫聲，每一聲都比前一聲更高亢：你們到哪去了？你們為什麼那麼久？你們有沒有帶什麼東西回來？她用後腿彈跳起來，下巴撲進我們的手裡，牙齒掃磨我們的指甲。她的呼嚕振動告訴我們一切都將被原諒。我們單單只是回家，就等於把天空再次變成蔚藍、將太陽貼回天際。我再次意亂情迷。我之前怎麼會考慮把她送走呢？我們需要她的程度，幾乎跟她對我們的需要不相上下。

可是，羅柏把豹皮床塞給克麗奧時，她弓起背脊，把尾巴的毛脹大到好似一支洗瓶刷。她激烈地低聲嘶吼。貓床跟它模仿的花豹一樣具有威脅性。克麗奧加以突襲、猛烈攻擊，用後腿使勁踩踢，然後迅速退進沙發底下。敵人根本來不及反擊。

克麗奧拒絕現身，直到她的敵人撤退到洗衣間去。我們當時並未意識到，她這輩子都會有「挑床」的問題。一等到床收走了，她就從沙發下面衝出來，匍匐在超市購物袋上滑行，然後爬進袋子裡。等她在袋子的塑膠胃裡喘過氣來，就開始偷襲電話線，然後匆匆跑到廚房鍋具櫃裡安穩藏身。

我們的貓咪比小提琴的琴弦繃得更緊。每個暗影、每團灰絮、購物清單、棄置的緞帶、家居用品，都成爲潛在的攻擊者。噪音令她警覺。門的尖嘎聲會讓她嚇得跳起來。遠處的鳥啼會讓她全身每根汗毛直直豎立。

屋裡的襪子沒一隻是安全的。克麗奧把它們從臥室、鞋子、洗衣籃裡劫持而去，小心翼翼地把每隻襪子和配對的那隻分開來，讓襪子脆弱得可以各個擊破。接著她會叼著襪尖拖過整間房子，往上一拋，再用兩組爪子捕捉，如此無情地幾番折磨，直到襪子裝死爲止。我的頭痛越來越嚴重。把今天的亂象清理乾淨是沒有意義的。那只會給小貓更多空間發明新型的家居破壞法。

克麗奧彈上走廊桌子，試探性地用爪子輕拍一只插滿毛地黃的高瓶時，我挑釁道：「**諒你也不敢！**」她抬頭看我，抖抖貓鬚，縮起身子。我依舊態度嚴肅。她放下腳掌，聽話地跳回地板。說我當時相當滿意，也不是什麼值得誇口的事。幾近野性的動物竟然回應我的指令，讓我興高采烈。有誇大妄想症的老師一定經歷過類似的自我膨脹。初試威權手段奏效，我腳步輕快地滑入廚房燒水。可是如同每位獨裁者，我只是在妄想罷了。

一聲迴盪四方的重響讓房子爲之震動。我衝向走廊。毛地黃的莖桿正劃過半空，花瓶緊跟在後，水柱噴湧而出。在瀑布上衝浪的是一個四足形影——努力想挺直身子而將四肢張開。

花瓶撞上地面。毛地黃以優雅的角度沿著廊道撒散。我看著小貓被吞沒。她被困在花瓶的水道裡，只能無奈地咬牙硬撐。

就像大部分的自然災害，幾乎在一開始就結束了。幾秒鐘之前，一棟看似正常（如果不說有點破舊）的家居處所，現在已有資格申請聯合國的救濟金了。克麗奧嘩啦啦地穿過水潮，每走一步就跟著甩動腳掌，彷彿是水冒犯了她。兩耳平貼，尾巴下垂，要是參加選美賽，她是拿不到首獎的。連運動員最佳表現獎都得不到。

我高喊要羅柏拿毛巾來。我們一起努力把房子變回乾地。我吸乾地毯的水，羅柏負責用毛巾擦拭動物。這是我頭一次看到她露出接近謙遜的模樣。

8 療癒者

貓咪愛得全心全意，可是不會熱烈到忘了保留一點給自己。

史提夫出海一週之後回到家裡。他清理整頓房子的時候，我站在廚房餐桌椅旁邊，眺望海鷗乘著來自懸崖的上升氣流滑翔。我跟那隻鳥的目光高度相當，牠將尖喙猛地轉向我。我倆眼神交會。

海鷗翩翩飛離，往下俯衝經過渡輪站，繼而橫越海港。我們的長子躺在白色棺木裡、埋入萊娜房子後方的山丘以來，已經過了五週。我們去過墓地幾次。馬卡拉墓園位於強風吹掃的丘頂，墓碑有如士兵列隊一樣排排站立，我在那裡找不到安慰。那是一片由悲慘交織而成的地方，我們到訪的最初幾次，花了好些時間，才弄清楚山姆的墳墓方位。史提夫說，其實就跟廁所區並排。我幾乎可以聽見山姆爲了這點呵呵笑著。他總是愛拿跟廁所有關的事物展現幽默感。他被葬在兩個活到八十多歲才過世的人之間，正符合他那種不搭軋的典型作風。我跪在山姆墓前，淚水灌溉著草地，一面尋覓流露山姆個性的東西。在那些因抵禦強風而永遠歪扭的灌木裡，沒有一絲他的痕跡。雲朵以難以置信的形狀包裹自己。羊隻咩咩叫鳴。山姆不屬於那個空蕩蕩的地方。

我覺得自己好似穿著別人服裝的演員。從外表看來，我們肖似一個月左右以前的自己。開著同樣的車子、上同樣的超市。但我的五臟六腑感覺已經移位重整，用鋼絲球使勁刷洗過。我再也不相信活著的美好。恨意與暴怒不時湧起。我氣那些躺在山姆旁邊的人。他們無權活那麼久。

雖然新學年已經開始，但我們讓羅柏在家裡多待幾個星期。他幾乎不曾提起山姆，可是每天都戴著超人手錶。也許他認爲手腕上那個人偶是通往哥哥的專線。羅柏對超級英雄的需要，比我能想到的任何男孩都多。我多麼期待超人把笑呵呵的山姆攬在懷裡，躍進羅柏的臥房窗戶。

我不大想承認這點，可是克麗奧的確一直在幫我。她似乎知道我何時陷入低潮，不管白天或夜晚。她的一隻腳掌滑過門縫，跳上我們的床鋪或是坐在附近，毫無所求。她耐著性子呼嚕作響，等我從谷底浮上來。

連她的破壞行爲似乎也有目的，迫使我們面對當下。被扯壞的窗簾拉繩或翻倒的相框使我對她吼叫，在那些時刻，我不會爲了山姆揪心扯肺。克麗奧讓人暴跳如雷、淘氣十足又深情洋溢，在在散發著生命力。從她尾巴末端到細鬚尖端，她百分之百地活著。她身體裡的山姆，比起馬卡拉墓園風聲呼嘯的穹蒼下還要多。

可是史提夫不用這個角度來看。雖然我解釋過山姆挑選她的過程，但史提夫似乎把小貓跟生下山姆之前的往日生活做了連結，而不是目前我們試著勉強維持的超現實存在。未經他同意就收養寵物，不是正常運作家庭會有的作爲。況且，他的家族向來偏好養狗。

＊＊＊

史提夫在克麗奧的監視目光下拆整行李。她正在打量他的衣物，看看有哪些是她拖得動的。他斜眼瞟她。我看得出來他心裡只想到一個字：亂。

我們倆在性格上有諸多分歧，其中一個就是對待紊亂的態度。有點亂又不會太亂，讓我感到自在，以前就是，至今猶然。從早已遺忘的幾堆舊報紙和衣物裡，可以迸生創意驚人的點子。至少在我懶得費力篩檢它們（幾乎向來都是如此）的時候，就會這樣安慰自己。

相對的，史提夫可能會被誤認爲是井然有序的禪修學派畢業生。身爲少女新娘的我，傾力滿足他對一塵不染環境的渴望。不管他何時要從爲時一週的出海行程回來，我就會在屋裡忙得團團轉，往壁腳板撢塵、將窗簾拉正、把地毯流蘇綴飾整理成各個平行的線條。我這人學東西不快。我花了好多年時間才明白，不管我以爲這房子的樣子有多完美，就史提夫看來都沒什麼差別。他無視於我的努力，每次從海上回到家，就恍如機器人一般照著慣例運作：啓動吸塵器、擦拭每張椅子（即使我半個鐘頭前才做過同樣的事），然後才開始整理出海回來的行囊。今天沒辦法吸塵，因爲粗絨地毯吸飽了水。他得靠撿拾散落一地的襪子和塑膠袋來滿足自己。

我正要長篇大論一番，說羅柏有多愛這隻貓，克麗奧已經潛進史提夫的旅行袋，接著嘴上叼著一隻黑襪的襪尖冒出來。她疾步快跑，把襪子往頭上一拋，自己跟著往空中一躍。她用前掌神氣十足地抓住襪子，然後飛快衝出現場，襪子拖在兩腿之間。她的一條後腿踩到襪子，讓她戛然停住，翻滾過空，最後摔得四腳朝天。我倒吸一口氣。這可憐的東西一定傷到背了，我們得帶她去看獸醫。她痛苦地蠕動身體，恐怕沒有救了。不一會兒，克麗奧神色自若地扭動身子站起來，再次撿起襪子，一下子便跑開了。

史提夫無動於衷，步履沈重地邁出房間去找襪子。史提夫離家過後回來，我們通常要花兩天時間才能再度適應他的作息。現在又加上不受歡迎的小貓帶來的緊繃感，看來家庭和諧越來越成問題了。

我在什麼地方讀過，百分之七十五的婚姻在孩子意外喪生之後便難以爲繼。我不準備接受這套說法。我的專長之一，就是跟統計數字唱反調。可是我開始明白，爲什麼有那麼多關係會崩解。

史提夫的痛苦不比我少，但更爲內斂。我以印象派式的狂野筆觸來抒發傷痛：啜泣、哭號、控訴、想要有人擁抱。他的哀傷較有條理，更加克制。他說話字斟句酌，比靜物畫裡柳橙上的露珠還要細心琢磨。

史提夫有能力履行眾人期望男人面對的事務（認屍、警察約談、明天出席法庭的死因審理），可是卻失去傳達面孔堡壘後方眞實情感的能力。這點有一部分要怪我。意外過後不久的那天早晨，我不該叫他別哭的。這些日子以來，他的視線四處遊移，從窗簾到地毯到橡膠樹，就是從不看我的眼睛。他問我要不要跟他一起上法庭，我拒絕了。想到要在陌生人面前重新經歷那一切，實在難以承受。要是我有勇氣同意，我會是一個更稱職的妻子。我們都處在最需要別人的狀態，卻沒有餘力撫慰對方。

羅柏喚我們到客廳去，他蹲伏在克麗奧上方，手上垂晃著史提夫的襪子。他把襪子往旁邊一丟。克麗奧追著襪子跑，利落地咬在齒間，快步奔回羅柏身邊，將襪子扔在他腳邊，接著規矩地坐在羅柏身邊等候，滿是期待地仰望主人。

「看到了嗎？她會玩你丟我撿耶。」

「只有狗才會你丟我撿。」史提夫把地上的襪子搶走。

「哪是。不然你試試看。」羅柏說。

史提夫猶豫不決地把襪子拋向空中。克麗奧飛馳而去，取回襪子，這次放在我的腳邊。

小貓確定我們每個人都獲贈同等的丟襪子時間。她希望這是屬於全家的遊戲。

「克麗奧會玩襪球耶！」

她的熱忱永無止境。很快地，那隨著受害襪子前前後後舞動的結實形影，讓我們三人為之迷醉。襪子滾進沙發罩的下襬時，我幾乎鬆了口氣。她不可能鑽得進沙發與地板之間的兩吋縫隙。

可是我低估了克麗奧有如瑜伽的彈性。她毫不遲疑地壓平自己的腰臀，蠕動著竄進沙發下。我們好像目睹新生命誕生的倒帶情景。

接下來的靜寂讓人不安。她一定卡住了。過了幾秒鐘，一隻黑掌出現在沙發的高背之後。另一隻腳掌很快尾隨而至。靠著兩組爪子的槓桿作用，一張臉跟著出現，比我們上次看到的還要細窄許多，兩眼半閉，雙耳成了平壓頭顱的貼片。她得意洋洋地緊夾在薄唇之間的，就是那隻襪子。

＊＊＊

陽光在山丘後方沈下時，恍若巨型虎眼一般發出閃光。筋疲力盡的天空漸漸轉爲粉紅。我套上喀什米爾羊毛衫，剁著雞胸肉。溫和的義式燉飯，不會冒犯到任何人的味蕾。

克麗奧仰起鼻子，眼睛半闔，好似美食家分析著罕有的波爾多酒的香氣。我在廚房裡繞轉，她緊跟我的腳踝，發出一串尖鳴。不是貓咪乞求食物的喵喵聲，而是女祭司不耐煩地命令，喚人快把貢品送到腳邊來。

我把她抱起來，讓她窩在我的胸膛，然後摟著她在餐桌邊坐下。她惆悵地使力朝雞肉伸展，可是很快就迷上我珍貴的喀什米爾羊毛衫。單純的羊毛挑不起克麗奧的興趣。但是從豢養的山羊身上取來纖維，大費周章地脫毛，則是另外一回事。她使勁啃著中間釦子周圍的羊毛。

我把她拉開，堅決地放在地上。克麗奧跳回我的大腿。恍如餓壞的獅子，她將牙齒埋進我的羊毛衫。我試著把她移開，但拇指突然一陣疼痛，她的犬齒刺穿我的肌膚。她不只毀了我的羊毛衫，還在我身上鑽了個洞。

我痛喊出聲，用紙巾止住血流。史提夫看到我的傷勢時卻不動聲色：克麗奧很盡責地呼應他對小貓的偏見。

我們坐下來用餐，史提夫眉間的紋溝更深了，克麗奧展現出她多麼不願理解「別跳上桌子」這些字眼。我們三人的盤子都被她發動攻擊，更別提餐墊、胡椒罐跟刀叉餐具了。

我的頸背發熱，拇指抽痛。我拼命想把小貓推銷給史提夫，看來這番努力完全是白費工夫。我一把抓起貓咪，堅定地把她鎖在洗衣間裡。

「她很討厭那裡耶。」羅柏哀叫。

「不能讓她毀掉我們的生活！」我大喊，試圖蓋過洗衣間門後傳來的哭嚎。小貓、受傷的拇指跟產生裂痕的婚姻形成一道斷崖，而尖銳的貓叫把我推了下去。明天早上就要舉行判決了，史提夫會跟那女人面對面，警察會證明她有罪，她會入獄。而我終究不得不接受山姆已死的事實。

克麗奧更加激烈叫嗥。我的身體開始顫動，呼吸成了淺促的喘息。「我再也受不了了，她一定得回萊娜家去！」

羅柏瞪著燉飯，嚥回淚水。「你。好。壞。」

我把椅子往後推開，刮過地面，接著踉蹌起身，奔向臥室。我大聲對著枕頭啜泣，心知羅柏說得沒錯。我真的很壞，而且失控。壞媽媽、無藥可救的妻子，總的來說，就是做人失敗。我渴望睡眠像毯子一樣覆蓋住我。

卻有個男孩的手碰觸我的肩膀。「媽咪，她愛你唷，」他低語，「你聽……」

一大團毛往我的脖子依偎，帶有節奏的呼嚕低鳴在我耳裡隆隆作響。那是孩提時代波浪滾進黑沙海灘上的深沈原始聲響，是嬰兒在子宮裡聽到的聲音。明智、永恆，可以是大地的搖籃曲或上帝的嗓音。

貓咪的呼嚕聲據說對人體有深刻的影響。測試證明，呼嚕聲能減低人們的壓力，降低血壓，有助於修補肌肉與骨骼。貓咪的療癒力量逐漸受到雇請駐院貓醫師的許多醫院與安養院認可。定期的呼嚕劑量也有修補心臟組織的潛力。聽著她帶有喉音的旋律，我的胸膛注滿融化的蜜。

克麗奧把頭窩進我的下巴，用慈愛關懷的神情望著我，接著讓我詫異的是，她把潮濕的鼻子往我的臉頰上貼。這就是小貓的吻沒錯。她埋進我的脖子，伸長細緻的前腿，越過我的臉。我把那隻腳掌夾在指間撫摩，看著爪子輕柔地張開又闔起。這次沒有攻擊的威脅。她的腳墊比我的指尖還柔軟，足以靈敏地感受到地球細微的顫動（我在哪裡聽過這種說法）。我們「手握手」躺著，人貓的靈魂跨越物種的分界，分享超越言語的連結。

幾個小時之後，我醒來了，克麗奧的身子塞在床單之間，腦袋靠在我旁邊的枕頭上。她覺得自己有資格留在這裡。她文風不動的身形、襯在白棉布上的尖耳、恬靜舒適的呼吸，讓我不禁忖度，我倆一人一貓是不是打從世界的第一個黎明以來，就一直肩並肩這麼睡著。

9 女神

貓咪是穿著毛皮大衣的女祭司。

「你眞的喜歡克麗奧吧？」翌晨，羅柏在早餐桌上問道。

我打開廚房窗戶。海鷗在瑪瑙藍的海港遠側尖聲啼鳴。被啃掉一半的窗簾拉繩在微風中搖曳。史提夫已經別上領帶，準備前往法庭。

「對。」我嘆了口氣。

「那就好，因爲她喜歡你唷。」

「她當然是嘍。」我淺淺一笑說道。

「不，媽咪。她**真的**喜歡你啦！」他說，「她昨天晚上跟我說的。」

「那不錯啊，親愛的，」我說，「把你的吐司吃完吧。」

「她也跟我說了別的事呢。」

羅柏是個敏感細膩的男孩。他嘗到的創傷之苦，多於任何這個年紀的孩子所該承受的。雖然我們沒跟他討論過判決的事，可是他可能感應到那種氛圍。現在他竟然幻想小貓會對他說話。

「她說她的家族很久以來都是有療癒能力的貓咪。」他接著說道。

這可憐孩子的想像力失控了。

「你是說在夢裡跟你說的嗎？」我擔心他與現實脫節。

「感覺不像夢啊。她說她要幫我找朋友。」

我們家族一直有種通靈的天性，可是對小貓講話實在太超過了。如果羅柏跟小貓對話的事情在學校傳了出去，他會成爲霸凌與各種慘事的標靶。

「我相信她會，」我用手臂攬住羅柏的肩膀，親親他的耳朵，「可是這件事我們先保密吧。」

「你不會把克麗奧還給萊娜吧？」他問。

我伏身蹲在羅柏身邊，雙手搭在他的肩上，檢視他頗爲嚴肅的臉龐。他的身體因爲緊緲而僵直。「不會，羅柏。我們會把她留在身邊。」

他的肩膀一垂，如釋重負的感覺傳遍他的全身。他垂下腦袋，髮絲有如麥浪般波動。他扭動手臂，跳著微妙的歡欣之舞。雖然他沒正眼看我，但我看得出來他正在微笑。

＊＊＊

人類很慢才了解到，貓咪對他們的存活而言有多麼關鍵。放棄游牧遷徙而選擇耕種永久的屯墾地，其中一個誘因，就是減少被大型掠食動物攻擊的風險。這份成就讓好幾世代的人類頗爲慶幸，殊不知一個更具毀滅性的敵人正在牆壁、地下室以及穀物店裡繁榮茁壯。比起肉食性的表親，這種卑微的齧齒動物要爲更爲嚴重的破壞扛起責任。一群老鼠可以毀掉全年的作物，讓整個村落的人疾病纏身、受飢挨餓。

野貓在屯墾地周圍旋繞不停，想到有老鼠盛宴就不禁垂涎。偶爾有些貓咪膽子夠大或走投無路，而冒險入村去狩獵鼠輩與蛇類。人們慢慢明白貓咪沒什麼壞處。事實上，牠們是很有用的害蟲控制員。

人們開始欣賞這個生物的特質。他們注意到牠的優雅；牠的超然離群；牠拒絕像乳牛或狗兒一樣承認人類的優越地位。叫喚貓咪時，牠不見得會過來，頭一個因爲這項事實而感到折服的是古埃及人。

貓咪身上妝點著黃金珠飾，得以分享飼主盤中的食物。殺害這種生物之一的懲罰是死刑。貓咪的葬禮常常比人類的還要繁複。當家裡貓咪過世時，牠的屍體會被展示在家屋之外，所有家庭成員會削去眉毛致哀——在今日的郊區鄰里，這種行爲可是會有人打電話向在地當局舉發的。

除了獵殺齧齒動物，拯救了上百萬的人命，我們這些足部柔軟的朋友也幫忙治癒無數的心。牠們靜靜坐在床尾，等候人類的淚水退潮；蜷縮在病者與老人的大腿上，提供別處尋覓不得的安慰。幾千年來，牠們爲了我們的身體與情緒健康提供服務，應該得到認可才對。埃及人是對的。貓咪是神聖的生物。

＊ ＊ ＊

廚房的鐘慢吞吞地拖過了早晨。聽證會比預期還久。我假定是因爲不利於那個女人的證據堆積如山而格外耗時，像是過去有過危險的駕駛行爲——任何一樁都能解釋事件發生的原因。

一杯咖啡。再一杯。海灣好似綠松石色的飛盤，跟山姆死去那天一樣。它的完美當中帶有惡意。我用念力要分針環繞時鐘一圈。克麗奧把羅柏介紹給她從廚房水槽下方的櫥櫃偷來的舊紙袋。她似乎很喜歡在紙袋上打滾所發出的劈啪聲。羅柏撐開紙袋的時候，克麗奧跑跑跳跳離開他身邊，越過廚房，打滑到停下爲止。她轉身伏低身子，把注意力集中在羅柏製造的紙袋山洞。她瞳孔放大的兩眼，除了細薄的綠色邊緣，幾乎是全黑的。她挪動重心，提起右前掌，擺好攻擊姿勢。這番準備極費工夫與時間，她的觀眾有失去興致的危險。就在我們快要完全放棄、將注意力轉向未開封的碎巧克力餅乾時，一只黑色飛鏢衝越過塑膠地板，射入紙袋起皺的深處。

「看，媽咪。」他說，舉起現在圓滾得教人滿意而沈甸甸的袋子。

我挪身要把小貓從紙袋監牢解救出來，可是那只袋子發出歡喜的呼嚕聲。

史提夫接近中午返家，走廊上的他看來眼神空洞，整個人半透明似的。他的領帶鬆掉一半，軟垂地掛在胸膛。

我對他的同情馬上就被飢渴的暴怒所磨滅。「她長什麼樣子？」我對自己聲音的刺耳感到詫異。

「你爲什麼生氣，媽咪？」我沒注意到羅柏手裡拿著呼嚕嚕的紙袋，跟著我穿過走道。

「我沒生氣啊。」我的語調冷漠而不帶感情。

「爹地，你看克麗奧會做什麼！」羅柏把紙袋給他，克麗奧的腦袋淘氣地從袋口探出來。

「現在不行，」我斥喝，「把她帶到廚房去，可以嗎？」

羅柏察覺氣氛很僵，於是聽話離開。我眞希望，總有一天的某個時刻，我們的兒子能夠理解並且原諒這一切。

「到底怎樣啦？」

「我不知，」他嘆氣，疲憊地揉著眼睛，「就很普通……」

我使盡全力要從他身上打探信息。她的髮色是棕色的，色調也許挺淺的。體型偏重。她替健康部工作。她穿著外套，可能是海軍藍吧。他不記得她是否戴了眼鏡。他們的目光其實並未越過法庭交會。她看來有些悲傷，可是並沒開口道歉。

我需要更多，多得多。她鼻子的形狀、哪些地方有痣、氣味聞來如何……我想要吞下關於她的每個細節。

「她幾歲？」

「也許三十五左右吧。」

「她會去坐牢嗎？」

史提夫凝望我左肩的上方，緩緩搖頭。

「他們一定會用**什麼**起訴她吧？至少有罰鍰吧？」

蒼蠅在他頭頂上方懶洋洋地畫了一個8字型。

「他們沒辦法這麼做，」他的聲音平靜和善，彷彿對著瘋子講話，「那是意外。」

他說**意外**是什麼意思？

「她不可能看到山姆從公車後面跑出來。那不是她的錯。她沒做錯什麼。」

我的腦袋打旋之後戛然停頓。他乾脆說天空是綠的算了。如果山姆的死是意外，而那女人沒錯，那麼就沒有任何人可以怪罪了。我無權恨她，別人甚至可能還會期待我原諒她。

我的心又緊又硬。原諒是神祇才做得到的事。

10 復活

貓咪願意體諒這項事實：人類的學習速度相當緩慢。

我學生時代的老友蘿西一聽說我們有隻小貓，擋都擋不了。她第一次來電的時候，我藉故拖延。那個消息就像是一碗沙丁魚之於飢腸轆轆的流浪貓。判決過後幾天，她闖進我們房子四周的無形壁壘。蘿西向來以過度熱情與缺乏圓融而惡名昭彰，她並不是眾所鍾愛的人物。史提夫突然想起自己在城裡有場重要約會。

「可憐兮兮、小不隆咚的克麗奧寶寶，」蘿西柔聲低吟，一面透過巨大的紅眼鏡審視克麗奧，「竟然來這邊跟一堆不愛貓的人住。」

「蘿西，我又沒說我們不愛貓。」

「所以你真的敢說自己是愛貓族嗎？」她越過深紅水平線瞅著我。

「對。也許啦……我不確定。」

「那你肯定不是愛貓族。」她說，「如果你是，你就會曉得，就像基督徒或伊斯蘭教徒知道自己的信仰一樣。」

蘿西沒有我的英國國教背景，在那樣的背景裡，你可以咕噥天主禱文、高唱聖詩，呼嚕喝著微溫的茶水，躲開牧師，然後在毫無忠誠感的情況下返家。

蘿西是非凡的愛貓人。她收養了六隻流浪貓，分別取名為小邋遢、毛毛、貝多芬、西貝流士、瑪丹娜以及桃樂斯，不過我怎麼也對不上哪個名號屬於哪隻貓。用「收養」這個詞不大正確。更準確的說法是，蘿西邀請四足惡棍組成的六重奏樂團入侵並摧毀她的地產。這些毛球忘恩負義到骨子裡，將她的窗簾撕成碎條，抓裂她的家具，一面用阿摩尼亞的強烈臭氣灑滿整間房子。牠們要不是忙著幫派火併、打劫垃圾桶，不然就是忙著謀殺當地的野生動物。只要人類膽敢踏入蘿西的家門，六個猙獰的身形就會潛入她的床底。儘管如此，蘿西說，那些表現不足以否定那些貓崽擁有美妙個性、且俏皮討喜到不可思議。

關於貓事，蘿西無所不知。她的雷達一定會偵測到被迫與我們同居的貓族成員。

「她不算很漂亮的小貓嘛，」蘿西接著說道，「連高爾夫球的毛都比她多。一副住過集中營的模樣。還有那雙眼睛，怎麼那麼……凸啊。」

「沒人十全十美啦，」我竟然會想護著克麗奧，「她還在發育嘛。」

「呣，」蘿西懷疑地說，「半阿比西尼亞貓喔？這種貓特別喜歡水和高地。」蘿西善用每次炫耀知識的機會。「她跟體型輕盈的短毛亞洲貓有關聯，對溫暖氣候的忍受度比起壯碩一點的歐洲表親來得大，如果把這點考慮進去，她還是算皮包骨。你都餵她吃什麼？」

「就貓食啊。」我嘆了口氣。

「對，不過是**哪種**貓食呢？」

「我不曉得，就寵物店買的嘛。」

「維他命補充劑呢？」她以法庭的語調質問。

「當然有，」我撒了個謊，連忙轉換話題，「你想看看她打襪球嗎？」

我拎著一隻襪子在克麗奧鼻子上方晃著。克麗奧假裝從沒見過這種東西。

蘿西搖了搖頭。「貓是不玩你丟我撿的。」她說。她把手探進紅色提袋時，薑色鬈髮往前塌滾。我湧起一絲懊悔。雖然她有時很煩人，但光是在這種時機現身來訪，就該得印象分數一千分才對。好多朋友都找了退避三舍的藉口。

自從山姆死去以來，蘿西從未改變作風。她的行徑跟以往一樣仁慈專橫、爽朗快活。再者，她對我說話時，不會用那種暗示這房子受到某種詛咒的壓低語調（我現在對這種語調可熟悉了）。

「你會需要這些的。」她遞給我兩本有許多摺角的書。《小貓的養育》以及《你的貓與牠的健康》。「噢，我想這也會有幫助喔。」

頤指氣使、瘋癲又窩心的蘿西。雖然她怪癖多多，也深信我根本不會爲克麗奧的利益打算，但她發自內心的良善是無可否認的。要不然她何必把伊麗莎白・庫伯勒—羅斯的《論死亡與臨終》跟著小貓書塞給我？

我知道庫伯勒—羅斯提出的悲傷五階段說，裡面有很多情況是我經歷過的。

1 **否認**。在潔西家接到那通電話，備受震驚的最初時刻裡，的確有否認的現象。有一大部分的我繼續處於否認狀態。在街角、購物中心，我仍會看到山姆奔跑、嘻笑的模樣。他們全是金髮的冒名騙子。在我的潛意識深處，仍緊緊攀住救護車男人說過的話：山姆如果倖存，也會變成「植物人」。有好幾個夜晚，我夢見大家決定不告訴我山姆還活著的事實。我突然意識到他們在扯謊，於是拔腿飛奔迷宮般的醫院長廊，發現山姆獨自置身在陰暗的房裡，身上接著機器。他轉過頭來，用那雙藍眼盯著我，就像他出生時一樣。我醒了過來，心跳急促，淚水濕透枕頭。

2 **憤怒**。經過幾個星期的否認後，如果我能以易於辨認的方式退入憤怒，是會有些幫助的。當我看到鴿子有如碎紙般散布在空中；看到開福特雅士的女性（事實上是所有女性駕駛）；看到厚顏無恥繼續活著的山姆的同學——我全身每個細胞都會暴跳如雷。要是有人能向我保證憤怒階段會過去，那該有多好。麻煩在於，我同時處於憤怒又否認的狀態。

3 **討價還價**。有時在浴室或在方向盤後面，我會與上帝進行單向的協商，懇求他（或是她，如果相信蘿西的說法）讓時鐘倒轉，這樣一月二十一日的事件就會提早五秒鐘發生，這樣山姆的腳碰到路緣石以前，車子就已開下山丘；鴿子會安全地被送到獸醫那裡；我們全家會圍坐在廚房餐桌享用史提夫的檸檬蛋白派。稍微挪動一點時間，對於像全知的偉大造物者這樣的某人（或某物）來說，算得了什麼？為了回報，我願意做他（或她）要求的任何事情，包括加入女修道院、開始打女性英式橄欖球、假裝喜歡睡在帳棚裡。

4 **憂鬱**。憂傷之屋的衣櫥裡有很多套服裝。有單純的「自憐」可當平日便裝，深受其苦的人有時會輕浮地稱之為「憂鬱」。產後憂鬱是稍微講究一點的。對於成熟正式的場合（伴隨著精神科醫師與藥丸，一應俱全)，則有臨床憂鬱、自殺傾向的悲傷以及最終的瘋狂。

即使憂傷的各種形式被掃進同一個櫥櫃裡，彼此之間的相似度有如亞麻裙與迪奧的名牌長禮服。

「憂鬱」這個詞不夠大，不足以形容我陷入的傷悲之海。那裡看不到海岸線。那片海域深不見底。有些日子我極力要浮上海面。其他日子裡，我了無生氣地懸浮著，好似斷損的柳枝，在無止無盡之中飄蕩。庫伯勒—羅斯把這種狀態僅僅稱為「憂鬱」與「一個階段」，是種過分的愚行。而且她竟然還暗示會有最後一個階段——

5 **接受**。讓一個美麗的九歲男孩死去沒什麼關係，這種話我**永遠**也說不出口。庫伯勒—羅斯在處理這些階段時，錯過了其他幾個，包括罪惡感、自我憎恨、歇斯底里、失去希望、偏執、對著他人懺悔而讓對方難堪、想打開車門將自己摔到公路上的強大衝動。

我謝謝蘿西的書，翻了翻《你的貓與牠的健康》。

「你會好好讀吧？」她說。

「欸，蘿西，也許我們達不到你的標準，可是我們會盡全力的。我們不會害死她，至少我希望不會……」

「沒關係呦，克麗奧寶寶。」蘿西再次裝出那種愚蠢的聲音，把小貓埋在有如蒸布丁的胸脯之間。「迷你小小小貓咪隨時都可以來跟蘿西阿姨住喔。」

克麗奧在蘿西酷熱的隆起之間蠕動。接著剎那間，彷彿以慢動作發生一般，她壓平雙耳，往後拉開嘴唇，低聲嘶叫，用全副武裝的貓爪往蘿西的臉上一掃。

「我的……老……天……！」蘿西哀號。

「真是對不起！」我用衛生紙輕抹她臉頰的血跡，「我確定她不是故意要……」

蘿西把衛生紙緊貼在臉頰上，一面怒目俯視攻擊者。

「這隻小貓……你的小貓……身上有跳蚤！」蘿西宣布，一邊扶正眼鏡。

「真的嗎？」我抓了抓自己的腳踝。史提夫與羅柏過去幾天都在抱怨「癢癢的」。我把他們的牢騷當成神經質而隨便打發掉。我現在才想到，連我自己都覺得癢癢的。兩邊腳踝各圍繞著迷你火山形成的列島，往腿上延伸。

「對啊，看，」她把克麗奧下腹部稀疏的毛髮森林撥開，「好多跳蚤，搞不好有幾百隻。」

那番景象有如搭直升機在曼哈頓上空拍下的照片。一整個城市的跳蚤在克麗奧毛髮的大道之間忙碌穿梭，無視於高高瞪視牠們的人類。牠們如此投入於跳蚤工作日，深信自己當下在做的是世上最重要的工作，沒有一隻停步，抬頭瞥一眼那對驚恐不已的巨人。

「滿嚴重的。」蘿絲語氣裡帶有一絲近乎欣賞的敬畏。

「要怎麼解決？去寵物店買除蟲粉嗎？」

「已經太遲了，」蘿西正式宣布，「這隻小貓必須**泡個澡**。」

我指出貓咪天生厭惡水，把小貓泡在水裡可說是酷刑。「嗯，如果你不想爲小貓的健康負起責任……」她聳了聳肩。

蘿西讓我陷入窘境。要是我不聽她的話，她會向某種女權主義者的保護動物委員會舉發我。她們會在我們的前院草坪插上幾把烈火熊熊的十字架，然後在鄰里四處張貼海報。

「可是我們沒有小貓澡盆，」我幾乎確定自己從沒看過那種家用品，連在寵物店也沒有，「也沒有小貓洗毛精。」

「浴室洗臉台和溫和一點的洗髮精就行了，」她說，「好，幫我找條擦手巾來。」

我們最接近擦手巾的東西，就是一塊褪色的藍破布，它的前身是海灘巾，直到兒子們與芮塔進行拔河比賽時把它扯破爲止。蘿西以埃及防腐專家裹出貓木乃伊的效率，用那塊布繞住克麗奧的肩膀。克麗奧四腿（與爪子）貼擠在身上，毫無防禦能力。她驚愕的毛臉從毛巾的一端露出來，另一端深深嵌在蘿西棉衫的衣褶裡。我試圖拯救克麗奧，可是，蘿西不再有受到抓擊之虞，於是全權掌控情勢。

她指示我在水槽裡放滿溫水，然後用空出的手肘測試水溫。等水深與溫度符合理想，蘿西動作迅速地解開布巾，將克麗奧遞給我。

「我還以爲你要弄呢？」我跟同時間朝相反方向活動的四腳與尾巴搏鬥著。

「你才是小貓的媽。」蘿西往後退到毛巾架的安全範圍。

小貓在我的臂彎裡放鬆下來。我把這個反應當作巨大的恭維。從乾燥的制高點往下俯望，克麗奧被水深深吸引，充滿期待地望著閃爍發亮的水槽，彷彿裡面可能裝了一群金魚。我也放鬆下來。也許克麗奧繼承了阿比西尼亞貓對水出了名的愛好，會很享受泡澡。

我深深吸口氣，將她往下放進水裡。動作必須敏捷，還要加上對貓族自尊的敬重。克麗奧似乎了解這個程序。我把嬰兒洗髮精搓進牠的皮毛時，她有如小塑像般地靜定不動。小貓很快籠罩在泡泡斗篷裡。

她窩在水槽裡，讓我引以爲榮。還好克麗奧看不到泡澡對她外表產生的影響。她的毛皮濕亮滑溜，細鬚貼在臉頰，很容易會被誤認爲一隻大老鼠。儘管如此，克麗奧對衛生要求的理解，肯定讓蘿西心服口服吧。

「好女孩。」我柔聲哄道。

「看吧？沒什麼嘛，」蘿西說，「每隻貓偶爾都需要泡個澡的。」

這時，克麗奧竟發出原始的號哭。那種讓人震驚的聲音，就像迷失在超市裡的孩子的哭聲，即刻強烈地穿透我母性的基因。讓我深深恐懼的是，克麗奧的腦袋竟然往旁邊垂下，在我手中像條碗盤擦布一般變得軟趴趴。

「把她抱出來！**把她抱出來啊！**」蘿西吼道。

「我**正要**把她抱出來啊！」我吼了回去。當我把那個小東西從水裡拎出來時，她的腦袋與四肢全都死氣沈沈地搖晃著。「噢……！」

羅柏會怎麼說呢？他的心已經粉碎過一次了，他無法承受另一次打擊。我已經證明自己身為母親的失敗，不該再有人把小貓這般弱小無助的東西交給我。

我從蘿西手上搶走毛巾，完全裹住那個了無生氣的形體。

「噢，克麗奧，我真對不起你！」我喊道，用毛巾搓揉她，連忙帶她到客廳去。我把瓦斯暖氣打開，盡量讓克麗奧接近熱源，一邊狂亂地替她按摩。

「蘿西，你說得對。貓咪我根本應付不來。我搞砸了！」

蘿西不以爲然地聳立在我們眼前。「水太冷了啦。」她說。

「你剛剛爲什麼不說？」

「我本來以爲可能沒關係，不然就是洗髮精不對……」

那個嬌小的軀體仍然死氣沈沈地躺在我手裡。

「我害死她了，蘿西！」我啜泣道，「這間屋子裡，只有她能夠讓大家開心起來。現在我竟然把她溺死了。我知道你認爲我不是愛貓人，可是我開始愛上這隻小貓了。」

這就是我往後的命運寫照。我碰過的一切，注定在我手中凋零。爲了整個人類世界好，我必須躲進洞穴裡，等待風波平息。

接著，讓我驚異的是，我腿上的碎布團傳出一聲端莊的噴嚏。一股生命力打哆嗦般竄過小貓全身。她抬起腦袋，東倒西歪地用腳掌爬起來，憤慨地搖晃身體，將水甩到我身上。

「噢，克麗奧！你活過來了！我眞不敢相信！」她幾乎不需要我快樂淚水的額外潤洗。

小貓用衛星圓盤大小的眼睛定定看著我，往我手指一舔，彷彿剛從愉快的夢裡醒來，正在想早餐要吃什麼。我因爲如釋重負而歡欣鼓舞，搓揉著她寶貴的毛皮，直到幾乎全乾。

自從兒子們出生以來，我從來不曾在看到活生生且正常運作的生物時，感到如此狂喜。

「聽著，她在呼嚕呢！」我對蘿西說，「你想她原諒我了嗎？」

蘿西不是很信服的樣子。「幸好她有九條命，」她說，「一條毀了，還有八條。可憐的小貓住在這棟房子裡，每一條命都很重要。」

蘿西離開以後，我親親克麗奧，謝謝她活了過來，我讓她緊貼在我的胸膛上替她保暖。

從那一刻以後，我與克麗奧之間有種協議。就她來說，泡澡絕對是荒唐可笑的事。

結果克麗奧成了一位好老師。如同所有的教育家，她因材施教，照著學生的能力來採用適當的技巧。她近乎溺斃的經驗，證明我並非注定毀掉人生道途上的一切。我這輩子首次眞正讓一個生物復活。而克麗奧賜給我第二次機會。

11 惻隱之心

即使貓咪是獨來獨往的生物，也能展現最深的慈悲。

「你確定你沒問題？」我問，喀噠闔上羅柏的午餐盒。他的三明治是用全麥麵包做的，是超市貨架上最健康的選擇。羅柏當然比較喜歡鬆軟的白麵包，但我決心要他長成強健的男人。如果他沒辦法學習愛上青花菜與豆芽，我還是會把它們硬塞進他的肚子裡。我不允許再有不好的事情發生在這男孩身上。

我們把羅柏多留在家裡幾個星期，校方相當體諒。這是他就學第二年，所以同年級的孩子他大都認識。儘管如此，羅柏在沒有山姆陪伴下第一天返校，還是讓我們如臨大敵。打從羅柏開始上學，山姆就融入了他每天的學校生活。在操場上的戰事中，這位外向的哥哥成了安靜弟弟的盾牌。當大家知道也得對付山姆（以他的超人踢功聞名）時，沒人敢找羅柏的碴。兄弟倆就像蝙蝠俠與羅賓，沒有對方就缺了一角。

「你可以開車載我嗎？」

「當然可以。」我替羅柏扣上新襯衫的鈕釦。西部風格，白底背景上畫有長翅膀的金色馬匹。翅膀與羽毛似乎籠罩著我們生活的每個層面。那件襯衫有點俗豔，但羅柏很喜歡，而我鼓勵他表達自我。

針對孩子的治裝費，我跟史提夫已不再爭論。因爲羅柏的關係，我在過去幾星期以來逛遍各式店家。和多數的紐西蘭小學一樣，羅柏的學校採取不穿制服的政策，旨在創造悠閒放鬆的氣氛。事實上，孩子的流行服飾風潮所耗費的時間與金錢，超過了大部分父母能接受的程度。

第一次返校那天，羅柏全身上下都是剛拆封的嶄新物品，包括鞋底軟如棉花糖的鞋子。（「踩下去會吱吱叫，」羅柏說，而我們正在跟細如義大利麵條的鞋帶纏鬥，「大家會笑我啦。」我要他放心。「他們只是羨慕。」）他全身上下的服飾、專業修剪的髮型，便是一位母親對世界提出的挑戰：這男孩很寶貴，膽敢傷害他的話，後果自負。他身上唯一並非全新的物品，就是手腕上的超人手錶。

「要是霸凌抓到我呢？」他緊抓手錶的不鏽鋼環帶。

我的心整個融化了。眼前的這一整天，要是我能亦步亦趨地緊隨著他、監控塡滿他那六歲肺部的每口氣息、對著他的敵手咆哮，那該有多好。

「他們不會的。」我很希望自己說得沒錯。要是我說錯了呢？他身爲哀痛弟弟的狀態，有可能太過突出而招來弱勢者的特別待遇。「如果你隨時想回家，就請老師打電話給我。」

「替我照顧克麗奧喔。」羅柏打開冰箱門，拿出一罐滿滿的牛奶，他的孩童之手差點抓不住。他往淺碟裡倒牛奶時，罐子東搖西晃，在地上濺出一小池。可口的液體淌流時，克麗奧高興地弓起身子。她鬆開蜷起的尾巴，開始用舌頭輕快舔著牛奶。

羅柏搬回自己房間以後，睡得深沈許多。他的夢沒那麼擾人了。暖熱的小貓帶來的撫慰，肯定跟這點有關。

窗戶上尖銳的敲擊聲讓我神經緊繃。從抵在窗玻璃的顴骨看來，肯定是吉妮·德西瓦沒錯，之字路上最有魅力的女人。她形狀完美的嘴唇擺出了雜誌般的微笑。她抬起三根保濕滋潤的手指，對我們揮著亮閃閃的爪子並且喚道：「哈囉囉囉！」

吉妮身穿人造纖維金色夾克，貼著假睫毛，戴著吊燈般的大耳環，馬尾高高紮在側邊。

我身上的運動褲與沾有污漬的T恤，根本毫無勝算。

個子跟羅柏差不多大的男孩握著吉妮的手。他一頭刺蝟似的髮型，有張淘氣精靈般的臉。

「是傑森耶！」羅柏語帶敬畏地說。

「他人怎樣？」我咬牙低嘶，一面對吉妮點頭微笑。

「他是酷幫的。」

啊對。傳說中的酷幫。我聽羅柏跟山姆提過，彷彿他們寧可把小雞雞漆成藍色的，也不要加入酷幫。其實只是因爲酷幫沒邀他們成爲一員。

比酷幫更酷的，就是酷幫成員的爸媽。他們是醫生、律師與建築師，會輪流安排網球比賽，這樣就各有機會炫耀自家後院的網球場。吉妮跟她先生里克就是酷幫家長群裡的皇后與國王，因爲他們超越了平凡的專業人士。里克經營一家唱片公司。至於吉妮呢，嗯，她只須身披假毛草，好好做自己就行了。新聞學的訓練讓我驟下判斷。時裝模特兒等於花枝招展，還有，皮包骨等於膚淺，等於很愛計較外表與男人，等於腦袋遲鈍，等於我最好閃得遠遠的人。我們曾在之字路上偶遇，在唯一的那次對話裡，吉妮聲稱自己是助產士，讓人難以置信。我當時推想她一定嗑了什麼藥。

「嗨。」我說。我打開後門時，差點因爲她紅褐髮絲的光澤而目眩眼盲。

我們都還來不及客套一番，她兒子就大喊，「哇！小貓咪耶！」傑森從我的運動褲旁鑽過去，衝進廚房。

「羅柏，你怎麼沒跟我說你有小貓！」傑森說，「好可愛喔！我可以抱抱嗎？」

「她叫克麗奧，」羅柏得意地介紹，「她爸爸是野貓。我們很確定他一定是頭黑豹。」

「傑森很愛貓咪呢。」吉妮笑道，我們看著傑森把小貓埋在他的頸間。我等著吉妮的眼光不以爲然地落在我的運動褲與地上的牛奶湖泊（芮塔很配合地呼嚕舔著）上，可是她對我們的混亂似乎視而不見。

「我聽說羅柏今年會跟傑森上同一班，」她說，「傑森想問羅柏要不要跟他一起走路上學。對吧，親愛的？」

傑森點點頭，雖說略帶順從的意味。羅柏跟傑森走路上學？可是整個早上都安排好了。我早在腦海裡重複播放過好多回——悲慘的母子在學校大門前現身。在兒子勇敢踏進新的學校生活以前，母親給孩子注入無形的力量與保護。

「謝謝你，可是我們要開車。」我馬上意識到自己的語氣聽來有多斬釘截鐵、不知好歹。我到底怎麼了？不久以前，大家才公認我是溫暖友善的人。我上小學的時候，其他小鬼替我取了「樂子」這個綽號。現在已經不會有被取那種諢名的危險了。「傑森想要我們載他一程嗎？」

她當然會說不要。對於我往悲慘寄居蟹殼裡隱遁，她為了表示禮貌與尊重，就會說不要。我佯裝主動提議，實則是逃避。她會婉拒的，然後我們就可以繼續各過各的生活。

「那不錯唷，」吉妮回答，一雙棕眼盯著我，傳達了出乎意料的溫暖，還有別的東西。是什麼呢——智慧的閃光？「掰嘍！」

掰嘍？這肯定是退休時裝模特兒的口頭禪吧。看著吉妮宛如龐克搖滾雜誌裡的幽魂漫步離去，我感覺被伏兵正中目標。她用指甲輕叩我們的廚房窗戶，就這樣闖進母子倆到學校的儀式性車程。

不只如此，她跟傑森大搖大擺地踏入我們的廚房，彷彿是再自然不過的事了。她那種表示鄰居親密感的大膽進攻教人忐忑不安。她顯然是瘋了。要不是瘋了，就是有著讓人難以置信的惻隱之心，帶著我推想她不可能擁有的深度。對，吉妮肯定是失去理智了。不然就是棒得不可思議。要不然她怎麼會知道，對待受到情感創傷的人，就是要用正常的舉止（差不多要講一兩次「掰嘍」）？對於這種游擊隊式的善意攻擊，我毫無心理準備，特別又是在早餐過後不久。

我不禁欣賞起這個女人。人造纖維金色夾克配上豹紋緊身褲？在她身後飄蕩的香水是什麼——老虎麝香？那對吊燈怎麼沒把她的耳朵扯下來？我過於遲鈍，不曉得自己剛剛結識了一生的摯友。

傑森頂著龐克髮型，背著貼滿搖滾樂團貼紙的紫色書包，正是酷勁的化身，卻又那麼孩子氣地迷戀著克麗奧。

「這是世界上最可愛的小貓咪！」傑森在臂彎裡搖晃著那團黑東西，「你運氣好好喔！」好久以來，頭一次有人把「好運」跟我們家擺在同一個句子裡。

「她喜歡朋友喔。」羅柏回答。

一陣刺痛感沿著我的脊椎嘶嘶竄過。羅柏想起克麗奧所謂的承諾：在那場貓咪對他說話的夢境裡，她答應幫他找新朋友。

「放學後我可以過來跟她玩嗎？」傑森問。

「當然可以！」我和羅柏異口同聲地回答。

克麗奧在羅柏床上的一方陽光裡安頓下來，我們走出門口。芮塔宛如汽船一般在我們背後滑行。之字路爬到一半，老狗似乎喘不過氣，於是重重趴下。我陪她站了半晌。雖然她氣喘噓噓，還是要人安心似地往小徑拍擊尾巴，彷彿在說：「沒什麼好擔心的啦。」

等芮塔喘過氣來，我們爬完剩下的山丘。男孩們擔心地看著她勉力走到車子旁。這隻狗突然意識到大家都在觀察她，於是振作精神，抬高尾巴，以青春洋溢之姿躍入旅行車後座。

想到那麼多事情都變了，學校柵門卻依然如昔，這點似乎很奇怪。這道柵門少說也有七十歲了。頭一批跑著穿過它們的孩子，現在都已是阿公阿婆了。在養老院安居的他們，軀體正在瓦解崩潰，而這道柵門卻僅僅積了一層鏽斑。這種待遇似乎不怎麼公平。但若可以選擇，我寧可以人類的身分回到這裡，經歷有限額度的歡笑與苦痛，也不要像柵門一樣，無感無覺地延續一百五十個年頭。

孩子們正湧過柵門，仍然嗡嗡說著夏日假期的故事。山姆之死肯定是每張廚房餐桌上的熱門話題。他們會不會過度注意羅柏而讓他感到窒息？還是不知道該說什麼而乾脆對他視而不見？我掙扎著想從方向盤後方爬出來，護送他度過這天的每一奈秒①。

羅柏與傑森爬下車。

「我三點半會來這裡接你。」我說。

「沒關係，」傑森說，「我們會一起走回家，對吧，羅柏？」

羅柏透過陽光瞇眼望著傑森，綻放微笑。「對啊，我們用走的。」

用走的？這就表示要**跨過馬路**嘍？想到羅柏要在沒有我的保護下，踩上鋪著瀝青的路面，我的五臟六腑就翻騰不已。可是傑森和吉妮是對的。羅柏越快適應正常作息，也許跟幾個新朋友建立友誼，日子也會更好過。他們帶來強而有力的整套建議——用實際行動而不是空口白話包裹起來的慷慨大量。

冒著傑森以爲我瘋了的危險，我從手提袋裡掏出一張舊的購物清單，在背後草草寫上他們走路回家時，必須依循的準確路線。學校外面的行人穿越道由高年級學生監控，這些

①譯註：十億分之一秒。

學生應該會對交通車輛有點敬意。沿著溪谷彎處的步道行進時，他們必須跨過一條安靜的街道，才會抵達山姆喪命的那條車流頻繁的道路。他們不該在山丘往下一點的公車站跨越馬路，而是要往上爬坡幾百公尺以後，在靠近丹尼斯雜貨店與新開的熟食店那裡跨越斑馬線。我把購物清單塞進羅柏手裡，要他向我承諾，要確定每輛車都在安全的距離之外，才能跨越馬路。「如果你想提早回家，記得要老師打電話給我喔。」我喊道，語氣裡明顯帶有窒息之愛的哀號。

可是羅柏正要穿越校門，被傑森說的什麼逗得發笑。傑森在他身畔走著，轉身向我揮手，然後忽地把手臂搭在羅柏肩上。

12 女獵者

跟大部分人類不同的是，貓咪欣然接受自然法則。

那天午後，我把克麗奧攬在臂彎裡，站在之字路上等候，一面豎耳傾聽孩子們的聲音。如果羅柏與傑森照著我的地圖走路回家，應該會花二十分鐘左右。他們現在已經慢了七分鐘。

我的腦袋裡滿是各種「萬一」。如果傑森說服羅柏走一條比較遙遠、更加危險的路線，如果傑森忘了要和羅柏一起走路回家，而跟一群酷男孩們一走了之……我的胸口壓著一塊岩石。沒多久，孩子氣的笑聲溯著山谷迴盪上來。其中幾聲歡叫（我從沒想過會再聽到這類的聲音）的確出自我們的兒子。他返校的第一天肯定比我卑微的期待要遠遠地順利許多。

我看著兩顆腦袋繞過枝繁葉茂的小徑轉角——不是兩頭金髮，而是一淺金色、一深色。

「學校如何？」我對羅柏喊道。

「不錯啊。」他聲音裡的誠懇聽來是眞心的。

傑森看到克麗奧時，臉龐一亮。

「我們來教她怎麼打獵！」他把書包從背上滑下來。

「她不會太小嗎？」我照料著那團黑東西。打從她復活以來，我就對她相當保護。「她才離開母親身邊不久耶。」

「才不會呢！」傑森把書包扔在我們的走道上，彷彿這裡已經是他的第二個家。「你有沒有一張舊報紙跟一些毛線？」

我之前爲什麼都沒想到？我們全然沈浸在自己的悲傷裡，都忘了小貓這個關鍵發展了。我、羅柏、克麗奧看著傑森把長方形的報紙捏皺，然後用一條紅毛線把它捆成一個蝴蝶結。

「嘿女孩，」傑森低語，把報紙蝴蝶結像魚餌一樣放在地上，抽動他那端的毛線，「這是老鼠喔！快抓！」

克麗奧一臉困惑。也許她眞的是困在貓族軀體裡的埃及公主，沒辦法放下身段跟碎紙玩耍。

「來嘛！」傑森拖著誘餌越過地板，朝著橡膠樹盆栽而去。「它要逃走嘍！」

克麗奧耳朵往前輕彈，一面盯著那個東西跳躍過地毯。一隻腳掌飛彈出去，速度快得連自己都無法控制。腳掌觸碰了一下紙張。傑森立刻扯拉繩子。小貓進入某種古老的設定頻率。她用後腿蹲伏在地，抖動著身體後半部，試著要催眠她的標靶。

貓咪在撲騰之前，爲何會那樣擺動，這眞是個謎。我在人類身上看過最接近貓咪抖動的動作，就是當網球選手等著要猛力回擊時速一百英里的發球時，驅使自己左右跳動。也許那種抖動，對貓咪與網球選手來說，都是在潛意識裡替身體兩側肌肉準備應付瞬間迸發的動作。

克麗奧撲向紙蝴蝶結，在前掌與後掌之間耍動，逗得男孩們呵呵笑。

「來，你試試看。」傑森把毛線遞給羅柏。那孩子的第二天性就是慷慨大方。「拿高一點，這樣貓咪就得跳起來。」

克麗奧躲在橡膠樹盆栽後面，有如刺客般地守候著。紙蝴蝶結飛過她的腦袋上方時，她在半空中一把擒抓，獵物落在她的牙齒與前掌之間，落入死亡的攫獲之中。當她挾著獵物躍向地毯，一面抬頭望向我們，要求應得的讚賞，接著暴跌於腿、毛與紙張的一團亂裡。

幾分鐘內，那個不幸的蝴蝶結就被撕成碎片。

克麗奧展現玩襪球的高超技巧時，讓傑森更加折服。在那之後，他天天拜訪我們家，而我也逐漸認識了吉妮・德西瓦五光十色的世界。我第一次壯起膽子穿過盾牌般的綠籬、沿著白色碎礫小徑走進她家時，感覺自己像是從感化院裡逃出來的淘氣女孩。整個樹籬的梔子花散發感性的香氣。一座噴水池咯咯冒水。每踏出一步，我便感應到史提夫的不以爲然。尖銳潑辣的德西瓦家跟我們並非同類。

「快進來，親愛的！」吉妮喊道，猛地將前門打開，「你來得正好啊，可以享受泡泡水①。」

我們之字路那側的住戶，沒人叫別人親愛的，更不會這麼叫他們幾乎不認識的人。吉妮戴著假睫毛，有著讓人銷魂的顴骨，讓下午四點喝香檳這件事看來似乎是世界上最自然

①譯註：指香檳。

的事，我頭一次遇到這樣的人。我對她從來不穿同一套衣服的能耐倍感驚奇。我對她客廳的白色皮沙發、角落裡高聳如電纜塔的不鏽鋼雕塑心生敬畏。她不記得藝術家的名字，至少她說她記不得了。吉妮這個人啊，很難知道她是眞糊塗，或只是爲了讓你自在點而假裝糊塗。

在吉妮的家待上一兩個鐘頭以後，這世界變得柔軟許多。當山下城裡的街燈倏地亮起，辦公室街區的窗戶散發黃色微光，我知道離開的時候到了。我往家裡晃去，準備烹煮晚餐，應付一隻飢餓的貓咪，碎礫小徑在我腳下波動起伏。

＊　＊　＊

就像我們家裡的每個人，克麗奧對食物有著高度興趣。有一半貴族血統的她，表明了自己比寵物店的劣等糧食高上一等。

等她弄懂冰箱是高級菜單品項（像是鮭魚）的來源以後，就花很多時間崇拜它宏偉的白門。偶爾她會用前掌沿著塑膠密封墊探索，但不軌企圖總是徒勞無功。

有天早上我打開冰箱門，克麗奧像是毛茸茸的砲彈一樣，快速越過廚房地板，直接跳進蔬菜冷藏室。我大喊催她出來時，她還往紅蘿蔔埋得更深，無論如何就是不肯放棄入住五星級餐廳的權利。我試著把她撬出來時，她還賞了我一爪。

我把冰箱的門關到剩下一道縫隙，往裡面瞥看。從冰箱門裡嵌入牛奶與果汁盒的冰凍峭壁看下去，克麗奧看來不怎麼有自信。我再次把門忽地打開時，她從胡蘿蔔窩裡彈下來，在廚房地板上抖動身子，彷彿在說：「我那樣做只是爲了逗蔬果開心啦。」

克麗奧放棄住在冰箱裡的構想，開始努力尋求替飲食添加美食風格的其他方法。有一天清空她的貓砂盆時，我發現兩條橡皮筋與一條棉線通過她的消化道而重見天日。

她剛剛發現後腿的新力量，於是躍上廚房板凳來一番美食預覽，參觀我們晚餐吃些什麼。雞胸肉和魚是她的最愛，可是她竟然對百果餡、蛋糕、生雞蛋以及（這點挺怪的）奶油發展出興趣。

如果我沒把奶油收進冰箱，奶油表面會出現可疑的痕跡。很難說克麗奧是眞心喜愛奶油，還是爲了戲弄不甘不願被困在地面高度的芮塔，而假裝享受奶油。我們這隻雜食性的黃金獵犬對加工過的動物油脂相當著迷。在山姆五歲的生日派對上，她囫圇吞下無意間留在茶几上的一整片奶油。我們等著芮塔嘴巴周圍發青，準備叫救護車衝到獸醫那裡，可是她跟以前一樣快活。這條狗的胃壁好似塗了一層鐵氟龍，什麼都應付得來，包括鞋帶和野餐剩菜（也包括紙巾，如果有的話）。

隨著白天漸漸縮短，克麗奧也發現自己最愛的食物。多虧有傑森的狩獵課程，她意識到自己屬於野貓的那一面，並體驗了自助獵食的快感。她如同黑豹一般在花圃之間潛行穿梭，在各種會動的東西身上探索染指加害的可能性，包括草葉，連雛菊都身陷險境。靠近前方柵門的小徑裂縫裡，顯露令人興奮的潛在獵物：螞蟻。這些花園的企業勞工埋頭工作時，克麗奧的腦袋會左右閃動，試圖用腳掌逗弄牠們，卻落得失望一途。螞蟻根本不玩遊戲，而是繼續往前行進，並沒注意到突如其來的樂子或危險。

克麗奧的第一次勝利就是突襲停在羅柏臥房窗櫺上的螳螂。我對螳螂一直很有好感。骨碌轉動的眼睛以及鉸接式的臂腿，讓牠們看來好似外星訪客。牠們是昆蟲世界的怪咖，相當低調（除了對偶然飛過的蒼蠅或蚱蜢出擊外），既可親也不具傷害力。牠們跟其他昆蟲不同，對於吸血、叮咬或傳染致命疾病毫無興趣。

那就是爲什麼豔陽高照的午後，看到克麗奧抓著一隻螳螂時，我會那麼難受。她正在逗弄那個可憐的東西，讓對方誤以爲自己已經逃離魔掌，接著又朝牠猛撲。我第一個直覺是要拯救那隻昆蟲。可是牠失去一條腿，已無存活希望。

我頭一次對我們的小貓微微起了反感。另一方面來說，如果我阻止她狩獵、阻止她偶爾殺害其他生物，便是否認她貓的本質。我腦袋深處彷彿聽見老媽說：**你不能干涉大自然**。

我因背叛螳螂而深感愧疚，於是退出羅柏房間並關上門。十分鐘後，我發現克麗奧趴在羅柏枕頭上的一方陽光之中打盹。她自鳴得意地睜開一眼望著我，然後閉上。螳螂無頭的身軀就躺在窗檽下面的地板上。

讓我相當驚恐的是，克麗奧的狩獵層級很快提升到老鼠與小鳥。無頭屍身常出現在前門的踏墊上。我在勿忘草旁邊爲牠們掘墳時，領悟到對生物來說，存活向來是奮力掙扎的過程。我們人類一路發展下來的某個時刻，對死亡產生焦慮感。我們發明像「往生」這樣的說法，想方設法要遮掩圍欄裡的牛隻轉變成漢堡肉的過程。我們把病弱老殘者隱藏起來，以至於病痛有如謎團，而死亡成爲反常的極致。

人們說服自己相信：自己理應過得輕鬆如意，身爲人類可以免於苦痛。直到我們面臨無可避免的挑戰之前，這種理論挺有效的。我們處於否認的制約狀態，但這種心態卻無助於我們儲備能力去面對誰也躲不過的艱難時刻。

克麗奧的座右銘似乎是：生活很辛苦，不過沒關係，因爲生活也很精彩。熱愛人生、好好生活——可是別被愚弄，以爲它不會有嚴酷的時候。那些撐過悲慘時刻的人往往更懂得品味美好時光，也有足夠智慧去體會：美好時光其實**絕妙透頂**。

我納悶自己能否堅強到足以效法這隻貓。

13 放手

貓掌的輕觸，比阿司匹靈更有效。

秋季降臨，遍地的荊豆花把海灣四周的山丘抹上金黃耀眼的光芒。新的季節漸進式地悄悄到來，我幾乎沒注意到伴隨而至的變化。前一刻，克麗奧還在前門小徑上享受日光浴，把身體弄得熱烘烘，非得撤退到屋內的陰影裡以便降溫。下一刻，她卻在瓦斯火爐前跟我們其他人推推搡搡，想爭取絕佳方位，不知爲何她總是搶得到最棒的位置。突然間，寒風變得刺骨，楊樹的紅銅色葉子閃爍著。面對克麗奧，我的觀察力也荒疏懈怠了。我那麼習慣告訴訪客，說我們跟形似外星人的貓咪同住一個屋簷下，於是不再透過精確的眼光來觀看她。我們跟一隻醜貓同住的事，彷彿理所當然。

有天早晨我在屋外花園耙著落葉，注意到有隻樣貌非凡的貓咪正蹲坐在山莫維爾太太家的屋頂，線條流暢又優雅，牠的美麗剎那間吸走我肺部的氣息。那幅景象教人生畏。我過去在鄉間成長的背景，確保我不輕易被那類動物打動。在老媽的調教下，讓我相信凡是有四條腿但不是桌子的東西，最好的情況下就是個有經濟價值的單位，最差的就是該死的麻煩東西。可是這個生物超越了任何內建的父母偏見。牠的輪廓與獅子一般高貴。牠的腦袋微微偏向一側，尾巴以數學式的完美繞過後臀。牠是登上《浮華世界》雜誌的貓咪版頂尖模特兒。只不過牠的姿勢裡不帶刻意的成分。牠對我毫無興趣。耳朵直指前方，鼻子微微上揚，注意力集中於附近樹上可能到手的一餐。

我對於隸屬於這樣一隻野獸的人類，突然湧現一股羨慕之情。我可以想見他自鳴得意地坐在原木爐火旁，一手環握體面的紅酒杯，另一手按摩著這隻俊秀貓咪的皮毛。牠雖然跟克麗奧一樣從頭到尾渾身烏黑，但顯然是有著系出名門的純種血統，牠的身分證明文件可能多得足以放火燒掉一棟房子。從毛皮的光澤看來，牠每晚必定以新鮮沙丁魚爲食。跟這樣的貓咪並肩而立，可憐的克麗奧就像剛剛從印度加爾各答的下水道爬出來似的。好在這時四周不見克麗奧的蹤影。她可能在屋裡視察水果缽，那裡近來證明是活跳跳昆蟲的有趣來源。我垂頭繼續耙刷落葉。我還有待發掘耙落葉的禪道。秋葉即使在最好的情況下，也是抗逆不從。在起風的日子裡試圖處理它們，是種體力與情緒的折磨。一旦將它們掃聚成令人滿意的壟堆，嬉鬧愛玩的微風卻讓它們像小貓一樣做鳥獸散，然後從楊樹搖下另一個枯葉淺灘。要是芮塔能夠了解人類衛浴設備的錯綜複雜①以及發明這些東西的緣由，這種讓人氣餒的工作會令人愉快許多。

我一面咕噥著山姆嚴禁使用的粗話，在石頭上將芮塔爲了使地球土壤豐饒的奉獻，從我的球鞋鞋底上刮掉。我完全無法體會秋天園藝的樂趣（如果眞有任何樂趣的話）。我正準備放棄，進屋喝茶休息時，聽到熟悉的一聲喵叫。

「克麗奧！」我呼喊，檢查她最愛的日光浴地點，就在以前曾是玫瑰花圃下方的雜草堆裡。她待過那裡的唯一證明，就是草地被壓扁的一個橢圓區塊。我掃視羅柏房外的窗櫺，再次呼喚。山莫維爾太太屋頂上的黑貓以好奇的目光定定俯視著我。

「你倒開心了，你這被寵壞的傲慢傢伙！」我抬頭對牠低吼，「我們可沒辦法都長得那

---

①譯註：指的是芮塔隨地便溺，作者清掃枯葉時也會踩到狗糞。

麼亮眼。」

那隻貓咪打了個呵欠，輕鬆自如地站起身來。我看著牠沿著屋頂排水淺溝遊蕩，滑入樹木的枝椏。牠身姿優雅地滑下樹幹，往我蹦蹦跳跳而來，開懷地喵喵叫著。

「克麗奧？」我納悶地彎身撫搓她的背脊，她用下巴往我的小腿推擠。我將貓族的完美化身往上提進臂彎裡，將鼻子埋進她的毛皮，要確定眞的是她。「老天，你什麼時候變得這麼美麗動人了？」

整個夏天我都沈浸在傷慟之中，沒注意到克麗奧的外表經過徹底的改造。才幾個星期的時間，我們家那隻瘦骨嶙峋、眼眸教人不安、身上幾乎沒毛、一胎中最弱小的貓咪，竟然已經演化成絕美的貓女。她的烏黑毛皮爲了準備度過第一個冬天而開始增厚。她不再像是外星人的表親了。她的臉已經雕塑成她母親那種貴族的稜角。

該是彌補我匱乏到令人震驚的觀察力的時候了。我得把自己拉出分神狀態，好好留意克麗奧。我沒在留神時所發生的種種變化，就是在提醒我，生命無情的車轍不論如何都繼續往前運轉。我要不要錯過某些改變與重生的精彩插曲，決定權在我手上。

我把克麗奧一把撈起，帶她到前門迴廊坐下，把她擱在我的膝頭。克麗奧狂喜地扭動著，滾動到仰臥的姿勢，腿在空中划動。這種不像貓的姿勢是她的最愛之一。她常倒栽蔥地披在某人的膝上，在電視機前面，她的頭往後倒垂，頸子與下巴底側完全暴露於被她當成座墊的人面前。

撫搓克麗奧是種觸覺的探險，是一場透過她毛皮的風景所進行的發現之旅。她的兩耳冷涼滑溜，就是我想像海豹皮膚會有的觸感。耳朵的設計隱約符合空氣動力學，讓她在下坡的時候有飛馳的可能性。她絲絨般的鼻梁頂端是一片潮濕的皮革。在她耳朵與眼睛之間向下傾斜的坡度上，毛髮較爲稀疏，是這陣子以來克麗奧最接近裸禿的區域，可是絕不突兀。事實上那裡引人入勝又頗具風格，就像時尚大師聖羅蘭能讓格紋變成圓點的絕配一樣。不論我何時需要把她眼角的點點眼屎抹開（頻繁得令人詫異），她眼睛周圍的緊緻肌膚對這點助益不小。怪的是，在這片過剩的毛髮當中竟然沒有睫毛。兩對觸鬚、形似眉毛的東西從她的額頭冒出來。無疑地，它們有某種不願張揚的目的，像是測量鼠洞。她的細鬚有如乾草，下巴好似毛茸茸的大鬍子。

她的身軀毛皮蓬鬆，比兔毛還柔軟。「手臂下側」冒出更長的邊毛，似乎有點不搭軋，有如人類腋下的毛髮，是儲存先祖記憶的檔案櫃。她胸膛中央由上到下有道聳起的毛，就像迷你的公雞頭。下腹長出的毛髮更長也更粗糙一些，可是依然柔軟。雙腿內側的毛皮柔滑如絲綢，外側則是滑溜平順。

我揉搓著她長著袋鼠式長腳的修長後腿，她的呼嚕聲越發響亮。肉墊比人造絲還平滑，在陽光下閃爍著紫黑色澤。肉墊四周長著極短的毛，藏著套在短彎刀鞘裡的爪子。

克麗奧的尾巴日漸茁壯，長成優雅的配件。外觀與靈活度都有如蟒蛇，幾乎跟克麗奧自己一樣有個性。她早上醒來時，尾巴就躺在身邊等候；到了夜裡，尾巴到後來會悄悄地繞住她的身子。每次她越肩回頭一看，它又不耐地左搖右晃了，好似一尾跟蹤成性的蛇，亦步亦趨地尾隨著她。

大多數時候，克麗奧將尾巴視爲玩伴。午後的大半時間，他們會在地板上繞圈圈彼此追逐，直到因爲昏眩而癱倒爲止。其他時候，尾巴會陷入較有惡意的情緒。克麗奧在窗櫺上打盹時，尾巴有時會猛地抽動，攪擾她的睡眠。她會睜眼檢查那個淘氣的附體。尾巴在她的瞪視底下依舊起伏擺動，一副欠扁的樣子。克麗奧會加以出擊，滾下窗櫺，以便用四副爪子全力抓住那個東西，將牙齒深深埋入。那條尾蛇在她的上下顎之間抽搐扭動，進行光榮的戰鬥，對著它的攻擊者施加神祕殘酷的痛楚。克麗奧與尾巴就像是一對干戈相向的已婚夫婦，早已忘卻兩人當初相連相繫的初衷，為了幻想中對方的羞辱而一天數次爭吵不休。他們花了好長時間才協調出彼此的差異，平和地同居共存。

我極力忍耐打電話給蘿西的衝動，不去吹噓我們的「醜」小貓搖身一變成了大美人。在克麗奧身上剛發現的優雅，在我心裡萌生兩種念頭。第一，她最好不會因為了解自己有多美豔動人而裝模作樣（幾乎沒有什麼缺點比裝模作樣更讓人疲憊，尤其是當事人在過去曾飽受長相平凡的屈辱之苦）。第二，狗飼主的外表往往越來越形似自己的寵物，這個理論或許也能運用在貓飼主身上。這些想望似乎都不大可能實現。克麗奧面對生活盡是笑鬧嬉戲，如癡如醉，不會有明星般的舉止。而我的外表繼續形似對食物上癮的黃金獵犬。

克麗奧喚醒羅柏身上一種深刻的溫柔，是我以往不曾見過的。他向來是家裡的小寶貝，是其他人要幫忙關照的那位。現在，頭一次他為某個比自己幼小的東西擔起責任，開始浮現溫柔關懷的那一面。餵食、梳理與摟抱討喜的小貓（傑森常常在一旁熱烈地提供忠告），幫助他變得更堅強，也更有自信。看著他在學校為自己打造出全新的自我，新朋友如涓滴細流般沿著之字路來到我們家，我的敬畏感油然而生。

我們對克麗奧的情感得到熱烈的回報。身為她領養來的奴隸，我們有義務讓她參與所有事務。要是她聽到另一房間有人在交談，她便抓門呼喚，直到自己也身處其中。偶爾，從沙發背上陽光投射的制高點旁觀事況，她便心滿意足。不過，大多數時候，她更喜歡卡進暖烘烘的大腿間，腳掌整齊收攏於身下，呼嚕呼嚕表示贊同。

如果有人在看書，尤其當閱讀者舒舒服服地仰臥時，克麗奧知道那就是對她的邀約，請她前去駐足於該人與書頁之間。她抱著貓咪遠比任何印刷文字迷人的超級自信。當閱讀者將她提起、將她溫柔地驅逐到書本的另一側時，她會倍感震驚。次等的人類怎會如此粗魯無禮？等她恢復鎮定以後，她會詳加檢視書本外皮，斷定書本放在那裡只是為了修整外表。克麗奧發現貓咪不需要牙刷，只要沿著平裝書外皮的紙板邊緣滑過牙齒即可。

不管我們何時出門，她會在羅柏的窗櫺等候，眼神流露明顯的控訴。難道我們不在家的時候，時間就會緩慢難熬嗎？才怪呢。等她看到最後一件雨衣背面隱入之字路頂端，就會起身從事貓咪的祕密任務。植物盆栽會神祕地倒躺一側。洩漏形跡的掌印出現在廚房板凳上面。啃食一半的綠頭蒼蠅棄屍地毯。我們出門的時候，屋裡肯定雞飛狗跳。當我們返家，克麗奧又回到窗邊等候。她似乎有內建雷達，告訴她我們何時回來。她會從走廊那頭一路手舞足蹈地來迎接我們，尾巴以優雅的彎度高舉致意。把她提起並摟在臂彎裡的人，會獲贈她甘草糖般潮濕的鼻子一吻。

如果狗兒能說話，芮塔會是個可靠的線民。哀戚地望著沙發上一團被扯出的糾纏細線時，芮塔會嘆口氣，彷彿在說：「要不然你對貓咪還能有什麼期望？」可是當克麗奧依偎在那隻狗的肚皮上，等著接受巨大獵犬滿是流涎的熱吻時，一切都會得到原諒。儘管克麗奧有自命不凡（偶爾則心懷不軌）的惡習，我們仍然寵愛她。

我們越是任由自己寵愛我們的幼貓，似乎就越準備好要打開心胸，原諒失去山姆以來我們搖身變成的陌生人。當我們轉身面對彼此，開始重建一種家庭感，婚姻也重新浮現充滿希望的暖意。有一天晚上史提夫拆除了他的報紙壁壘，直視我的眼睛說道：「你看起來悲傷極了，卻如此美麗。」他的話語延伸跨越冰冷的距離，擁繞著我倆。

我都忘了他怪異的幽默感有時多麼有趣。那就是一開始讓我們彼此互相吸引的原因。我們兩人向來就是局外人，體育課時四肢完全不協調，在群體裡也都有尷尬彆扭的天分。我們共同創造了另一個宇宙，試著說服自己，一雙適應不良者在主流邊緣的生活，就是個舒服自在的處所。

脆弱得有如一對無殼牡蠣的我們，披上冬季外套，共赴生活遭逢巨變之後的第一場電影「約會」。《軍官與紳士》裡年輕俊美又性感的理察・吉爾讓我分神的時間，長得讓我詫異，繼而深感歉疚，因爲我竟然足足幾分鐘沒想到山姆。片尾字幕滾動時，燈光大亮，喬・庫克唱起主題曲〈我們所屬的地方〉，現實再次迎面襲來。

不久之後，史提夫拜訪專家，研究輸精管重建的可能性。這會牽涉到複雜的顯微手術。專家提到成功的機率極小，僅有百分之十。儘管如此，那位外科醫師體諒我們目前的狀況，願意盡力試試看。雖然我們明知我倆的婚姻逼近斷層線、瀕臨崩解的邊緣，但是兩人仍舊迫不及待想要多個孩子。開刀的日期底定了。

我們不是在找尋山姆的替代品，我們知道那絕不可能。只是我們的房子與心都缺了一塊。每晚我照舊擺放四份餐具，直到心裡傳來一聲冰冷鑼響，提醒我自己昨日無法重現，有一組刀叉得收回抽屜。

我渴望憂傷能夠皺縮枯萎，然後不費力地航入遺忘之境。如果秋葉能夠釋放夏日的記憶，繼而毫無畏懼、如此優雅地飄向虛無，爲什麼我做不到？

身爲母親的內在母獅拒絕捨棄與山姆相關的任何事物。獨自在家時，我會把他的藍色童子軍套衫當成安撫小被一樣披在肩上。他的名牌笨拙地用手工縫在衣領內側。他因爲閱讀、美術、下棋與（挺好笑的）家事得到紅色標章，我分享了他的驕傲，替他細心地縫在袖子上。這件衣服縮成了他軀幹的形狀，散放著他的強烈氣味，現在又添上我的淚水。

母親們是終極的權力迷。我們從身體裡拉出一個新生人類時，所經歷的腎上腺素衝升狀態，遠比比爾・蓋茲或畢卡索體驗過的還要刺激許多。與奇蹟似地創造一名人類並列評比時，龐大的商機以及世界最偉大的藝術頓時變得無足輕重。成爲首席演奏家、政客或發明家的女性之所以那麼少，跟偏見（雖然的確不少）或缺乏機會（向來如此）的關係不是那麼大。當某人可以創造哪天會向她借車來用的一組細胞時，又何必費心編寫一首交響曲？

我們對孩子的熱情是直接從原始叢林裡蹦出來的。比爾・蓋茲會願意替微軟獻出生命嗎？畢卡索會爲了自己的一幅畫自戕嗎？

母親們的力量凌駕於政治、藝術與金錢之上。我們是給予生命、撫育嬰兒，讓他們成長的人。如果沒有我們，人類就會像岩石上的海草一樣萎縮。我們對自己擁有的力量有如此深刻的認識，因此不常談及自己的力量，可是它無所不在。

古老的母親力量被用在要求小孩吃綠色蔬菜、對準馬桶尿尿，或是每年多長幾公分。當我們在超市或遊樂場高喊「**回來這邊！**」小孩便凝住不動，轉身聽話照做——至少大多數時候如此。眞是神奇。竟然有效。就因爲出自我們的嘴。

好幾年前當山姆溜出我的身體，我讓他有了生命。現在我當然也足夠強壯，能夠聚集母親的力量，藉由意念讓他復活吧？「回來這邊！」我對著宇宙高喊。那片寂靜比午夜還要暗沈。我渴望至深，即使只是見到他的靈體站在床尾都行。可是山姆飄到比星辰間距還遠的地方，遠至太空的空蕩虛無裡。

我很怕撞見山姆在校的老朋友。他們無辜的臉龐總在我心裡點燃毫不理智的怨恨之火，接著我又會對自己的反應深感慚愧。不管我何時看到福特雅士，怒火就會熊熊燃起。我當時沒想到，一月二十一日的事件毀掉那個女人生活的激烈程度，可能幾乎跟我們自己的相當。我常常忖度那日的事件是怎麼步步開展的。山姆倒下以後，羅柏奔上之字路去找史提夫。那女人有沒有下車去安慰垂死的孩子呢？

可是看到我們的幼貓沿著走廊跑跑跳跳，總能提振我的情緒。萊娜當初說我們只需要去愛小貓，在不久以前，那番指示看起來是極不可能的要求。可是克麗奧那麼自在地用深情壓倒我們所有人，我們忍不住回報以愛。身爲我們最稚嫩也最喜樂的家庭成員，她在山姆之後細密地融入了我們的生活。我眞不敢相信自己曾經考慮把她還給萊娜。

＊
＊
＊

我們花園裡有棵白樺樹，此際樹葉幻化成簾幕般的金色獎章，襯在白鑞色的枝椏上熠熠發亮。不顧存活機會有多大，一朵夏末玫瑰兀自在灌木上綻放。

暴風雪從南極直撲而來，把海灣打成一片不鏽鋼的色調，鳥兒受到驚嚇，在空中四散紛飛。難怪鳥兒歡天喜地地迎接半透明的黎明。牠們不會執著於前晚的暴風雪。牠們的合唱也沒有透露對未來冬季的憂慮。牠們只是盡情擁抱某個完美秋日早晨活在當下的奇蹟。我要向牠們多多學習。

如果說有什麼收穫的話，便是現在我了解生物的壽命短促得教人揪心，於是眼前的景象也就顯得更加美麗。療癒的關鍵也許不在書本、眼淚或宗教裡，而是在對微小事物（一朵花、一片濕草的氣味）的情感裡。對小貓的愛幫助我再次擁抱世界。

14 觀察者

有智慧的貓咪會從情緒性的反應退開一步，不帶評判地觀察。

我們失去山姆的頭一個冬天，氣候特別嚴酷。海灣四周的山丘鋪天蓋地全是雪。巨大的烏紫色雲朵從南極滾騰而來，推擠我們的窗戶，傾斜的雨水劈打玻璃。我們疾步走下已然變成瀑布的之字路時，狂風撕扯我們的外套。

我逐漸訓練自己開車經過那條步行橋底下。車子首次疾駛下坡時，我憋住呼吸，緊盯遠處的三角海灣。下一次，緩緩開上山坡時，我讓自己的視線飄向公車站，以及山姆的腳曾經離開的路緣石。

春天帶著盛放的長尖黃花猶豫不決地來到。爲了重溫山姆生前最後的步履，我逼迫自己走下之字路、踩上步行橋的磨損木條。我在橋中央歇步，往下凝視馬路。那是一條毫不起眼的柏油碎石路。沒有污漬、凹陷或任何異常之處。沒有任何跡象指出有個男孩曾在那裡喪命。我滿心希望他不是恐懼而孤單地死去。

我不再徹底搜查街道，尋找髮色鼠灰、穿著深藍外套、戴著或沒戴眼鏡的三十多歲壯碩女性。停在路邊的福特雅士不再吸引我去檢查它的車頭燈，反正損壞的地方應該早就修理好了，搞不好那輛車老早在山丘爬上爬下，假裝從沒奪過人命。

天氣逐漸回暖，有一連串揪心攪肺的第一次得承受：山姆的十歲生日，緊接著是他缺席的第一個耶誕節，然後是那場意外的週年。從那之後，我再也無法全心全意地愛上夏天。

要是有幾分鐘我沒爲山姆哀慟，我便會因罪惡感而全身癱軟。大笑或開心的時刻會讓我感到羞愧，認爲自己辜負了山姆。可是我漸漸體悟到，被困鎖在悲慘狀態裡，不僅對羅柏毫無幫助，也無法爲我們曾與山姆共度的生活，或是我仍然活著的事實增添光彩。

帶著足以媲美超人的勇氣，羅柏返校的狀況相當不錯。老師抱怨他有學習上的困難，可是重點是他有許多朋友。我與史提夫並未再次陷入愛河，但慢慢接受彼此的某些差異，相處的狀況有所改善。克麗奧永遠從門後偷襲我們，提醒我們人生過於深奧，不能嚴肅以待。

* * *

在傑森與吉妮的幫助下，我們步履維艱地度過另一個冬天，邁入第二個春季。隨著夜晚時間延長，放學後的傍晚是我們四人最愛的相聚時光。我與吉妮坐在花園，用一杯香檳泡泡水撫平那一天，看著男孩們消耗掉睡前的最後一絲精力。

一開始我就隨著吉妮讓人目眩的做法起舞。掛著古怪的耳環、頂著美妙的髮型，她給人的印象是故作棕髮女郎式裝扮的金髮尤物。不過這點與事實完全不符。當她坦承自己不只是助產士，也在攻讀科學學位時，我倍感驚訝。更重要的是，她介紹假毛草給我，還把幾副耳環借給我用，包括魅力難擋的橘色透明壓克力閃電耳環。吉妮教我怎麼貼假睫毛，也讓我不怕穿厚底鞋。她逐漸成爲我一直夢想擁有的朋友——滑稽、明智、善良，而且有種近乎通靈的能力，總是在被需要的時候適時現身。

羅柏與傑森因爲全心熱愛克麗奧而凝聚在一起。他們認爲該是她生小貓的時候了。當我解釋克麗奧已經動過結紮手術，他們一臉作嘔。

「好——好壞心喔！」傑森不解地搖著頭說。

「對啊，」羅柏接腔，「你爲什麼不讓克麗奥生寶寶呢？」

我與吉妮站在草地上，背後襯著橙黃的夕陽，兩人交換微笑。我們變成那麼親密的朋友，感覺彷彿住在紐澳版本的非洲長屋①裡。我們兩家隔著之字路的一小段轉折，男孩們在兩棟房子之間自由奔跑。雖說吉妮與傑森住在兩層樓的豪宅裡，卻似乎無視於我們破陋庸俗的房子。

「唔，」我說，「一隻貓咪每年可以生三四次孩子。如果每胎有五隻，那就表示一年之內克麗奥就會有二十個寶寶。你們想像一下房子裡有二十隻小貓咪亂跑的樣子。」

羅柏覺得聽來棒極了。我問牠們該睡哪裡，傑森自動表示，至少有隻小貓可住他家。

「那還剩十九隻小貓耶，」吉妮說，「而且不用多久，**牠們**也會生小貓咪，最後會有幾百幾千隻的小貓喔。」

---

①譯註：沒有隔間的狹窄長型房舍。在此是指兩人就像同住一個空間，互動極為頻繁親密。

「哇！」羅柏轉向我說，「你爲什麼要那麼壞心？」

我試著解釋手術的好處。要是沒有手術，克麗奥會老想出門約會。如果我們把她關在家裡，她會不開心。獸醫向我保證過，切除卵巢能保護她免受感染以及某些癌症。

「可沒人阻止你生寶寶。」羅柏嘀咕。

這場關於繁衍手術的談話讓我們安了心：當初沒把史提夫輸精管重建的細節告訴羅柏，這個做法是對的。比起克麗奥所經歷的，史提夫在手術刀下耗費的時間多得多，也引發更多的不適。雖然病人從未抱怨過，可是他的眼神有時會籠罩在疼痛的烏雲裡。外科醫師回報，手術相當順利，雖然我們要等一段時間才會知道是否有效。在一段堅忍克己的復原期之後，史提夫將行李打包好，跛著踏上渡輪，在海上執行另一段勤務。

克麗奥懂得男孩們對我的不苟同。她在我的臂彎裡扭動，要求被放在草地上。她昂首闊步地繞過房側，姿態有如頂尖名模。看到她消失蹤影，我一時被罪惡感刺痛。也許像克麗奥那麼優雅的生物，應該擁有繁衍後代的權利。

「你應該讓她生寶寶的！」羅柏走在小徑上，一路不滿地咕噥著。「來吧，傑森。我們來挖土。」

男孩們對克麗奧的同享之愛，已經延伸到其他的興趣，包括在我們花園的一角進行龐大規模的開鑿。那個角落相當荒僻，我幾乎不曾注意過。那裡有著蕨類植物的遮蔭，散發嚴禁接近的謎團氣氛，是個透過大型挖掘活動來建立男性結盟的完美地點。

日復一日，他們從房子底下拖出史提夫的鶴嘴鋤與鏟子。這些工具在他們手裡看來巨大又危險。今天的父母要是放任孩子隨意把弄尺寸適合成年男人的武器，可能會被告上法庭。可是，挖洞這門大事業對這兩個男孩來說，眞的很重要。

火球般的太陽沈下山丘。層層冷霜披覆於山谷的懷裡。我們下方的城市傳來平易近人的嗡鳴。我問吉妮是否該把男孩們叫進來吃飯，她聳了聳肩。挖洞顯然是成爲男子漢的重要成長儀式。

雖然我很想把羅柏裹在泡泡棉裡，保護他免受每個可能的凹陷撞擊，我知道那會是個錯誤。我必須放鬆一點，讓他擁有男孩發展成自信青年所需的自由。挖洞任務一週週持續下去，直教芮塔（他們當中唯一的挖洞專家）喜孜孜。克麗奧蹲踞於樹枝上，伺機等待粗心大意的鳥類，男孩們則在下方像牛仔一般大搖大擺、用成人的咒罵字眼一來一往。

沒人（包括男孩自己）知道他們到底爲何要挖洞。挖洞的目的一直在變。有一陣子，他們想挖一條隧道直通北半球，直到他們汗流浹背，懷疑自己是不是挖到地心了。幾天後，他們轉變策略，決定挖掘地底下的寶藏，他們似乎很確定能挖到黃金。又過了幾天，他們在房子下面發現一張老舊的鋼絲床墊底座。他們把它扛出來、鋪在洞口上，當成一張看來危險至極的彈跳床。

我很好奇，搬弄潮濕笨重的泥土對羅柏來說是否有療癒作用。有一回看到他結束挖洞工程後，渾身飛濺泥漬、滿臉通紅又滿足，讓我想起祖母。身爲九個孩子的母親，祖母在同一塊農地上度過大半生，一定面對過無數的焦慮與失落。不管憂慮在何時刮抓她的五臟六腑，她都會走下屋後階梯，經過雞舍到自己的花園去。她說，雙膝跪在土地上、手裡拿著小鏟，就可以找到每份憂傷的療癒妙方。翻土儀式所帶來的安慰就是她的心理治療。與花園火山灰沃土的深刻接觸，讓她持續受到守護，並且與這星球的遠古節奏相連相繫。

雖然她早已遠去，但我卻到現在才開始更了解她，特別是打從我花了更多時間在戶外看著男孩們挖地以來。

我一時過度樂觀而做了傻事：爲了春季而種下鬱金香球莖。用泥土覆蓋過種子，展現了對未來的信心。拔除雜草、澆水、培育酣睡中的種子，就是信任自然的表現。綠芽冒出來的時候，園丁體會到的情緒湧動，類似剛剛創造出一件藝術作品或是產下新生兒的感受。園藝是最能讓一些人自覺像神的工作。看著幼苗出土，開展成花朵或蔬菜，就是參與了一場奇蹟。園丁也學會接受衰敗與死亡，甚至幾乎能夠欣然看待一個生命隱遁的季節，把它當成循環的一部分。

另一方面，克麗奧面對逆境時另有妙方。她會往高處去。我們沿著小徑遊蕩，要去檢視男孩們的土木工程時，吉妮突然停步，用深紅的指甲指著我們的屋頂。蹲踞在煙囪管帽頂端的是個熟悉的剪影。

「克麗奧在上面做什麼？」她問。

「可能是因為動了手術在生悶氣吧，」我說，「她一定覺得上那邊去很適合現在的心情。

克麗奧！」

貓咪襯著橙黃的天際，雕像般凝坐不動、背對我們，尾巴以雅致的環圈繞過煙囪。

「你確定她沒事嗎？」吉妮半信半疑地說。

「那是她處理問題的方式。」

克麗奧受到高處的吸引，我逐漸能感同身受，即使那只是阿比西尼亞貓的遺傳特質。

往上走一步、拉開距離俯瞰日常生活，這個概念的邏輯性很有說服力。我自己近來在夜裡也常這麼做。我會站在之字路的頂端，往下凝望熠熠閃光的城市，寒風如刃掃刮我的臉頰。從極大的高度去觀察時，有時痛楚會縮小，退入更爲寬闊的人生圖案裡。我逐漸得知，只要透過練習與時間，便能拋開當下情緒，感受到貓咪從屋頂觀察世界的寧靜。

我往下凝望格狀網絡的街燈，一面納悶著，一個人的人生是否包裝在命中注定的設計裡。山姆才兩歲的時候，有天早上我們散步穿越景致如畫的老墓園。他跑在前頭，然後在刻有「山姆爾」的墓碑前面停步。他指著那個石碑，失控地嚎啕大哭。我得把啜泣不停、滿臉通紅的他攬在臂彎裡，帶他遠離那個地方。那時候他還不會讀字，不可能了解死亡與墓園的含義。一個學步兒怎麼可能有那麼深的理解，更不用說經歷到那樣駭人的預感？至今只要憶起那天，我仍忍不住哆嗦。

曾經看來如此冰冷漠然的夜空，會將我拉入它的雄偉輝煌裡。也許太空罩篷並不是一片虛空，而是充滿有待人類感知的各種深奧能量。那個星辰滿布的巨缽裡並不是無限的空無，而可能是我們來自與回歸之處，如此遙遠卻又親密貼近。多年以前離開那些星子的光線穿越時空，進入我的視網膜裡，成爲我經驗的一部分。它們之於我的距離有如親愛的山姆一樣接近，也如星辰一般遙遠，卻與我每口呼吸密不可分。我與星辰、天空、山姆的距離，都比我膽敢想像的還要接近。老媽說到山姆是夕陽的一部分時，她講的或許就是這個。也許她不是不懂得體恤，而是有著無比的智慧。等輪到我的時候，也許我會發現死亡並不是嚇人的句點，而是回歸那個家的永恆謎團。

「你想她會不會卡住了？」吉妮問。

「搞不好她是在欣賞風景呢。」

克麗奧到上面去可能爬得很盡興，可是要回到地面卻沒那麼容易，即使是這麼靈活的貓咪。

「爲什麼這種事老是挑在史提夫出海的時候發生呢？」我不禁抱怨。當我拖著沈重腳步繞過屋側去找梯子時，忽然想到新的座右銘：「一眼遠眺星辰時，另一眼留意地面的狗屎。」

寬宏大量的吉妮自願爬上去接克麗奧。可是要是穿著網襪與厚底鞋、掛著時鐘大小的耳環，連馬戲團的專業表演者在爬上階梯以前都會考慮再三。

我向她致謝，然後將梯子倚著屋側，朝天際望去。

夕陽襯出兩個迷你的黑耳朵。那座梯子頓時看來脆弱不堪、搖搖欲墜——而且比我記憶中還要高。

我一面往上爬，一波反胃的感覺從我的膝蓋湧上脖子，威脅著要從喉嚨後方暴衝出來。暈眩不曾對我的肉體有過這麼強烈的影響。

「我該叫消防隊來嗎？」吉妮熱心喊道。我後悔自己竟然往下瞥了一眼。關懷地仰著臉的吉妮頓時縮小成圍著鮮豔頸圈的甲蟲。

我到了梯子頂端，漸漸挪身爬上屋頂。要說那是屋頂，倒不如說是一組生鏽的洞手牽著手，要用來支撐一位不算嬌小的女人恐怕有困難。

「來吧，小貓！」我喊道。煙囪頂端的形體依然不動如山。可憐的貓咪因恐懼而無法動彈。「噢克麗奧！不要擔心。我會抱你下來的。」

我胃部翻騰地匍匐爬向煙囪，屋頂高聲抗議，發出吱吱尖鳴與呻吟。我剛剛才想到，如果像克麗奧這樣生有四腿的靈活動物要下屋頂都有困難，那對一個行動笨拙吃力的頭暈受害者來說，幾乎就是不可能的任務了。

「撐著點！我快到了。」我呼喊。

一雙發光的眼眸逼近我的頭頂，瞇成了壞脾氣的怒瞪。克麗奧以百無聊賴、傲慢蔑視的態度搖了搖頭。她在煙囪頂端優雅地站起身，弓起背部打打呵欠，繼而毫不猶豫地靈敏往下彈至屋頂，躍過生鏽的錫片，跳到鄰近的一棵樹上，朝著地面滑下，在吉妮厚底鞋的幾吋以外著地。

「我想我要吐了！」我對吉妮哀號。

「你不會有事的。慢慢來就行了。爬回梯子。很好。轉身。注意簷槽喔……這就對了！」

當我終於抵達堅實的地面時，才跨出三步，就往繡球花叢裡直吐。

「你為什麼不說你有懼高症？」吉妮問。

「通常不會這麼糟糕。從……懷孕以來，我從沒這麼想吐過。」

15 放縱

緊張與壓力——浪費了小吨的時間。

貓咪的嘴型帶著一抹永恆的微笑。即使處境悽慘，牠的嘴角邊緣仍然朝天上揚。人類就不是如此了。人類的嘴角有下垂的傾向，特別是在漸漸老去的時候。毫不費勁地掛著貓咪微笑的人，擁有快樂的祕密。

史提夫聽到這個消息時，嘴唇浮現微笑。他帶著微笑回到海上，一個星期之後笑容仍在。我也有著貓咪的笑容。我們說好，頭幾週別對外宣布，以免懷孕未果。

等我們確定安全無虞，可以告訴羅柏時，他的笑容有如陽光般迸發四射。

他馬上下訂單要個小弟弟。一定要是男生，他說，因爲我們家向來是男生的天下。我表示同意並承諾會盡全力。接著他奔越之字路去通知傑森，傑森當然也轉告了吉妮。

她氣喘噓噓地趕來，給我一個瀰漫著鴉片香水的辣勁擁抱，然後技巧高超地佯裝詫異。「恭喜啊，親愛的！會很棒的唷。」等時候到了，她自願幫忙接生嬰兒。我仍然很難相信這位滑稽的朋友有戴著無菌手套的另一面生活。不過，一想到我們的嬰兒第一眼看到的人類裡，包括貼了假睫毛、身穿斑馬紋夾克的女人，我就愛極了。

我墜入結合了容易嘔吐與豺狼虎豹般飢餓的懷孕期。紐西蘭人靠著灰老鼠與羊肉存活下來的時代，感覺距今還不是很久遠。在我青少年時代，媽媽介紹一種叫做「披薩」的異國風情新食物給我。從那之後，我們越來越老練世故。我們學到了：酒不一定要裝在厚紙盒裡，麵包也可能做成棍子的形狀，而且世上的乳酪不止兩種。附近開了一家新的時髦熟食店時，我們知道我們會成功的。

帕芙特羅①。根據熟食店負責烘烤的男人所說，正確發音應該是帕芙伊特羅。用舌頭繞住那個字，聽起來近乎情色。

①譯註：Profiterole，夾有奶油內餡，或夾冰淇淋再淋巧克力醬的泡芙點心。

那位脾氣暴躁的帕芙特羅男人是穿著主廚圍裙的米開朗基羅。他怎能做出世上最輕盈、最蓬鬆，也最美味的糕點，實在讓我想不通。可是誰又料得到，淡棕色的蛾會幻化出絢麗的皇帝膠蛾呢？

每天早上，他會把帕芙特羅在櫥窗裡一字排開，好似赤裸的日光浴者。每個淡古銅色的橢圓體都包有一團奶油，泥流般的巧克力醬沿著外殼淌下。櫥窗的邊緣冒著蒸氣，哄騙著我，不，**堅持**要我勇闖店內。

「一個帕芙特羅，麻煩你。」我說。

「帕芙伊特羅！」他厲聲回道。

「那兩個好了。」

畢竟我現在是一人吃兩人補（如果把克麗奧算進去，其實是三個）。

帕芙特羅男人哼哼咕噥著。隨便一個人都會以爲我是想買他的小孩，就某方面來說我的確是。

我蹣跚地爬上之字路時，感覺得到糕點正在場陷、奶油餡透過袋子汩汩而出。

我很想在之字路的半途上，放低圓滾如球的身體，坐在椅子上狼吞虎嚥地把它們吃光。

可是那樣我就有遇上山莫維爾太太的危險。她會向我投以她的招牌神情——跟冰凍的峭壁一樣不以爲然，是設計來逼男孩們坦承自己拿小蝸牛丟郵差，也讓成年女性頓時感覺自己好像忘了穿上內衣。

我繼續緩緩跋涉。況且，等著要帕芙特羅的不只我一個。克麗奧發展出對帕芙特羅奶油的執迷。她偷舔我手上的奶油殘漬那天，就像是海洛因瘾者注射第一劑毒品。自此以後，她就愛去舔舐空紙袋、盤子的邊緣、我的衣袖，任何可以發現一絲微量殘餘的地方。

每天早上她等著我返家，迴廊的彩繪玻璃板映出她的輪廓，看來宛如新藝術風格的海報。等我氣喘噓噓抵達大門，她便朝我疾奔而來，尾巴高舉，腦袋微傾。我們一起拖著腳步踏進屋裡，整個身軀斜躺進臥椅，擱腳處往上、頭墊往下，接著一把撕開紙袋。

克麗奧讓我學會放縱。貓咪的詞彙裡沒有罪惡感。牠們從不會因爲飲食過量、貪睡太久或霸占屋裡最暖的靠墊而感到懊悔。牠們欣然接受當下每個愉悅的時刻，盡情加以品嘗，直到蝴蝶或落葉讓牠們分神。牠們不會浪費精力細數自己吞下多少卡洛里，或浪擲了幾個小時享受日光浴。

貓咪不會因爲自己不夠努力而自責。牠們不會起身離去，而是坐下靜待。對牠們來說，慵懶是種藝術形式。從位居籬笆頂端與窗櫺的制高點，牠們一眼看透人類責任義務的單調乏味——那等於無意義地浪擲了小盹時間。

我很愛在整修一半的屋裡閒晃，從貓咪身上學習放鬆的功課。我放慢速度、出神恍惚，試著傾聽自己的身體。身體高喊著要休憩，不只是應付懷孕期的需求，也為了更深層的復原而採集精力。我們成了恬不知恥的酣眠者，縱情於午後小盹與晨間小睡。到後來，孩子放學一同探訪吉妮家後，等我跋涉回家，又跟克麗奧發掘了近晚時分打個盹的樂趣。

我是她的取暖熱水瓶。要不是克麗奧感應到我體內的新生命，想要參與其中，不然就只是想享受逐漸擴增隆起的肚子所帶來的額外溫暖與曲度。躺在幾乎與地面平行的斜臥搖椅，我們有個理想的軟墊巢窩，可以在裡頭懶洋洋地度過好幾週。

我懷孕中期的那幾個月，克麗奧在鼓肚頂端蜷起身子，腦袋完美地擺在可供任意搔弄的位置。繞著小圈按摩貓耳後方凹處，穿插著從額頭到尾尖的全身撫摩，克麗奧沈醉不已。這種經驗對女按摩師來說同樣愉悅。到了晚上，我的雙手會因為留有對她毛皮的記憶而為之刺癢。

一週週過去，我的肚皮隨之長大，克麗奧恢復哪兒舒服就往哪兒待的老習慣，貼著我的身側伸展軀體，有時則繞著擴增的腹部下方。她客氣地收攏爪子，直到再也忍不住爲止。被快感沖昏頭的她，會有節奏地用爪子往抗議聲連連的人體暖氣機搓揉不停。

貓咪全身的皮毛有多種質地，從鼻子上絲絨般的濃密覆毛，到腳掌上宛如絲綢的毛墊；背上的光滑毛皮到腹部的鬆軟茸毛。怪的是，這樣的柔軟竟與銳利如釘針的爪與齒對比。可是每個貓族都是充滿矛盾的謎題——前一刻戀戀情深，下一刻冷漠疏遠；既是悉心養育的父母，也是玩弄受傷獵物的冷血謀殺者。

和克麗奧一同癱躺於扶手椅的我，湧起衝動，想再次感受毛線在指間輕移的滋味。嬰兒服那種有如蛛網的纖細精緻，超過我的能耐，所以我買了六球粗的藍毛線以及幾根粗短織針，開始替羅柏織起平針的圍巾。

織針相碰的喀噠節奏，有如心跳一般，發揮了安撫作用。單條毛線可以織在一起，創出三度空間的衣物，幾乎就跟各種細胞聚合增生到造出寶寶來一般神祕難解。

編織與懷孕期相似之處繁多。兩者表面上看來都不費吹灰之力，可是卻要耐性十足、對未來懷抱信心、致力求得可能是最好的結果。只要缺了一針，整件作品可能就得拆掉重來。在之字路轉角上滑跤一跌，嬰兒的未來可能瀕臨險境，所以需要時時保持警醒與留心。

編織者宛如孕婦，對那些不了解創造奇蹟的人來說，這是種怪異的景象。手肘外突好似畸形的羽翼，毛線亂糟糟地拖曳在地。編織者過於投入而不去在意外觀。雖然她看似邋遢，但絕不能指控她偷懶。拿針埋頭苦織的她，參與著某種大過於她的事物——創造。在較爲恭謹有禮的世界裡，永遠不會打斷編織者。可是女性工藝家很習慣這樣的侮蔑。她會在織一行的半途，冒著丟掉一針的危險，毫無怨言地去應門或接電話。

一針即爲旅程上的一步，朝著一件新織衫或可能是一條新生命邁進。當那件衣物在一個月或六個月後完成，編織者就會變成一個不同的人。不只是因爲時光流逝——也因爲她替這世界增添了什麼。

每一針本身都是完整的，雖說與過去和未來的針法緊緊相繫。當我把毛線繞在織針上形成每一針，我便思及山姆，於是輕柔地織將起來。交叉織針、繞過毛線、**放開**……交叉織針、繞過毛線、**放開**……如果我能這樣練習一萬遍或一百萬遍，或許我的靈魂也辦得到。**放開、放開**……

克麗奧的眼睛隨著織針轉動，進入催眠狀態。織針掃過她的臉龐時，她總是算準時間撲打它們、咬在齒間。這位織針的敵人有時變得太煩人，我就會把她從大腿抱開、放到地板上。可是那不算懲罰——從藍毛線球展開的線蛇才是讓人血脈僨張的仇敵。

除了偶爾在毛線與織針上的爭吵，我倆的日子在一派和諧中荏苒飄過：進食、做夢、隨著屋裡一池陽光四處遷移。每一刻都是較大布料裡的一針，而那塊布料逐漸成爲一種生活，與我們之前擁有山姆的那個生活相牽相繫，卻又截然不同。家庭節奏輕鬆地開展，恍如一球毛線。鏗鏗鏘鏘擺進抽屜裡的湯匙只會被取出來、使用、清洗、拭乾，又擺回去。每天早晨，羅柏與傑森跋涉穿越小徑上長長的陰影上學，然後在白日逐漸疲憊時於下午返回。一疊疊的衣物等著分類、清洗，夾在俯瞰貨運終點站的晾衣繩上。接著取下來、摺好熨燙、放進櫥櫃裡，然後在穿戴過後扔在味道熟悉的成堆髒衣物裡。它們本身都是完整的，自有開始、中間與結束，這些撫慰人心的循環，交織成狀似正常生活的外觀。

望著陽光在壁紙上波動蕩漾，我納悶我們當初爲何急著修繕房子。原本那片壁紙到底哪裡礙著我們了？如果它留在牆上夠久，白底黑花壁飾的狂熱搞不好會再度風靡。連那蓬亂的地毯也不再那麼讓我神經緊張了。懷孕的幸福感確保一切都能慢慢來。

史提夫的反應恰恰相反。每個房間都瀰漫著新鮮油漆的刺鼻氣味。梯子以醺醉的角度架滿房子四周。他狂熱地一頭栽入修繕活動，把浴室整修完畢。他拖出表面剝落、附著俗氣鍍金水龍頭的藍浴缸，棄置在房子前面的草坪上。我賀爾蒙失調得很嚴重，雜草在浴缸的邊緣茁壯抽高時，我也懶得理睬。

我好奇地問吉妮，她是否認爲史提夫會把浴缸拿走。她建議我們把它變成有金魚的蓮花池。天啊，我眞愛那個女人。

我跟克麗奥漸漸喜歡上莫札特，不只是因爲嬰兒可以透過子宮壁聽到音樂、古典音樂能幫助腦細胞成長的這番理論。克麗奥似乎眞心欣賞這位作曲家撫慰人心的音樂，尤其是《A大調單簧管協奏曲》的第二樂章。單簧管從空氣中抽出液態黃金般的音符時，克麗奥的眼睛瞇成了銀色細縫。彩虹般的七彩陽光在她的毛皮上歡舞。莫札特在一個精巧美妙的樂章裡，化解了人生的憂煩，同時她舒適地依偎在我的肚皮周圍，一邊用呼嚕聲伴唱。聽著那首樂曲時，我有信心連最深邃的憂傷也能轉化成美麗。

16 替代

貓咪專注聆聽每則故事，不管過往聽過與否。

「是個男孩！」我體內的每個細胞呼喊著。他的腳抵著我肋骨的彈跳方式，確實充滿男性氣概。午夜裡捶擊我膀胱的小拳頭，有著迷你拳擊冠軍的力道。我的雙腳踩著「男孩、男孩」的行進步伐，穿越昏暗的走廊到浴室去，是幾個小時內的第三回了。

我親手縫製一件迷你嬰兒長袍，在頸部繡上藍雛菊。我們談及命名的事。或許取為約書亞。肯定不要叫山姆爾，雖然可能當作中間別名。

這不是山姆的替代品，我向任何有興趣的人解釋。新寶寶會有自己的個性，只是帶點山姆淘氣的幽默感，或許會有同樣形狀的眼睛，皮膚上甚至可能有點類似他的青草氣味。當然他**不會是**山姆。我會尊重寶寶的獨特性。不管有多像或多不像山姆，那個寶寶會讓我們再度成爲四口之家。我會把約書亞・山姆不曾謀面的哥哥的一切告訴他。一條延續的線會織進我們的生活裡。

史提夫讓自己笑口更常開。想想看，儘管困難度極高，但幸賴一位有顯微鏡與靈巧手指的外科醫師，希望之花仍然繁盛開放！史提夫當年爲了前兩位嬰兒，從報紙的分類廣告，搜尋到一把二手的有篷搖籃。他確定不會再有嬰兒了，所以等我們把羅柏搬到較大的嬰兒床時，很快就把搖籃處理掉。

這次他出門買了一架全新的有篷搖籃回來。搖籃四周綴有黃色絲緞帶，巧妙地去除性別的色彩。史提夫拆掉晶亮的包裝紙，在我們的臥房組裝起來。當網狀頂帳披覆於兩側時，這搖籃簡直就是爲王子量身打造的。我把床墊上茶巾大小的床單撫平。

我輕撫黃緞帶，納悶大家都怎麼養育女娃的。薄紗與芭比娃娃那些東西很複雜吧。我曉得男孩的運作方式。照顧他們會需要很多體力——大部分是追趕，還有喊叫。男孩在情緒上直來直往，與母親有著特別的牽繫。我和山姆有一種親吻遊戲，算是某種情人的捉人遊戲。在對方的臉龐貼上最後一吻的就是大贏家，我倆玩到最後總是狂笑到臉色發紫。

沒錯，我想，一面細看最新潮的藍色嬰兒軟鞋、抱來舒服的小厚毯，我會把那個祕密親吻遊戲教給新寶寶，雖然那曾經專屬我與山姆。我好奇約書亞會不會喜歡山姆用過的木頭火車組？山姆的其他東西會不會有他喜歡的？我並不打算複製我們曾經有過的，對吧？

＊＊＊

老媽的日產掀背車在之字路的頂端減慢速度、繼而停止時，芮塔欣喜若狂。那輛車讓這隻黃金獵犬聯想到前往海灘、農場或其他快樂地方的短程出遊。在嬰兒出世以前，老媽特地過來「幫忙」。她沒表明要待多久，可是如果跟以前一樣，可能不會超過兩三個晚上。我與老媽深愛對方，但我倆的個性都很火爆，很容易就上演業餘的戲劇場面。不消幾個晚上，我們就會激怒對方。

老媽從駕駛座的車門冒出來時，芮塔用後腿彈跳起來，兩隻腳掌各往老婦的兩側肩膀上猛然一搭，濕答答地掃舔她的臉頰。老媽在芮塔的重壓下微微踉蹌，笑容滿面。她一直是愛狗一族，而芮塔無疑是她在世上最愛的狗兒。

老媽受到口水的洗禮之後，耐心十足地把芮塔的腳掌一一放下。羅柏奔跑上前，用手臂環抱她的腰。芮塔揮動歡迎旗幟般地搖著尾巴，領著我們列隊走下之字路。現在芮塔對老媽的愛慕更勝於任何對象，僅次於羅柏而已。

老媽在客房拆整行李，展示傑作給我看——她用毛線織了一條披肩，毛料如此細膩，織針如此細小，整條東西簡直可以穿過她的婚戒。雪白得教人無法直視，邊緣有扇形裝飾，由細緻針法構成的網絡，這是頂級嬰兒披肩。

自從父親過世以來，母親在閃爍不停的電視螢光幕前度過每個夜晚，僅有織針爲伴。大多數時候，她都用直接購自工廠的地毯毛線，製作毛毯與厚重的大地氈。這條嬰兒披巾等級高出許多，是滿懷愛意與講究細節的情形下細織出來的，含有某種能量般地散放微光。可以灌注防護咒語而成爲魔法斗篷的，或許就是這樣的披巾。

「好美喔！」我欣賞著她的手藝，「他會很愛的。」

「你怎麼知道是男生？」她問。

「我就是感覺得到。」

「欸，以前在二〇年代的時候啊，**我的**第一個堂姊伊芙，她算是你的遠房堂阿姨那類的……就是去巴黎讀大學的那個，她跟已婚的美髮師偷情，後來被家人發現，就中斷她的津貼。她穿著毛草外套、塗著口紅回到紐西蘭來。大家還以爲她的嘴唇去刺過青了呢……」

可憐的老媽。她常說，這些日子以來她最想要的，就是有個聊天的對象。遺憾的是，這讓她患了孤單者的毛病——太多話。結果，她交情最久的幾位朋友爲之卻步，寧願將心思放在橋牌、慈善活動或含飴弄孫上。我不怪他們。老媽的故事有些挺有意思的，就像關於伊芙堂姊的那則（她第一次講述時，燃起了我的興趣。一個不以豔光動人又敗德的女人知名的家族，竟會產生伊芙這般的精彩人物，這點教我著迷）。可是老媽是個火力強勁的說話者，連珠砲似的話語，卻明顯地沒向對方回以關於健康氣候的禮貌性詢問，這需要有極大的忠誠與深情，才有辦法忍受。老媽投入另一段的獨白時，對方的笑容會有如覆盆子果醬一樣凝結，面容有如派餅皮一樣扁平。當傾聽者遁入私己的世界，在心裡擬著購物清單、或哪件內衣應該淘汰時，老媽會突然以一聲宏亮的「你沒在聽吧？」，讓對方大吃一驚。

雖然我們的住處相隔三百公里，我跟老媽在情感上向來親近。每週有好幾次聽她在電話裡叨叨絮絮，渴望藉此減輕她的寂寞。她再三提到她那水泥連幢屋社區裡的其他寡婦，說她們有家人固定來訪是多麼幸運的事。這個罪惡感飛彈每次都正中要害。如果我們住得近些，我就能成爲那種有責任感的女兒，每逢週日，便小心捧著暖烘烘的燉菜到老去的母親家叩門。

「我們來看看放在搖籃上如何。」我領著老媽與羅柏來到臥房，寶寶的床鋪就在那兒等著，好似一個半透明的繭。

我揮舞披巾，準備鋪在迷你床墊上。

「等等！」媽媽喊道。

我咻咻揮到一半的動作戛然凍住。蜷縮在搖籃裡的正是貓公主的酣睡剪影。克麗奧彈動一耳，懶懶地睜開一眼，乏味地斜睨我們。

我們的貓咪顯然認出搖籃的用途。臣民終於明白她的尊貴地位，供應了她有權享有的舒適等級。

媽媽往前奔去，在搖籃上彎身，發出中氣十足的「去去去！」聲。克麗奧壓平兩耳，回以低嘶。我無能爲力地旁觀我生活中最強勢的兩位女性互相宣戰。

「沒關係啦，外婆，」羅柏說，「克麗奧只是試試寶寶的床。她想確定舒不舒服。」

「貓咪只屬於一個地方，」老媽宣布，一手攬住克麗奧的腹部，把她抓到前門去。「那就是外面！」

克麗奥突然在迴廊上著地，難以置信地搖搖頭。那位虎背熊腰的外婆女人竟然把她扔出她的床外？

回到廚房時，老媽將電動煮壺裝滿水，芮塔忠心耿耿地坐在她腳邊。

「那隻貓會把嬰兒悶死的。」她說。

透過窗戶，我看到克麗奥自我安慰地大口舔遍全身。她肯定在醞釀什麼計畫。

「貓咪跟嬰兒合不來的，」老媽繼續說道，「牠到處掉毛。你看到了嗎？羅柏的枕頭套上全都是。整棟房子都覆蓋著貓毛。會引發嬰兒氣喘的，而且還有爪子的問題。貓咪沒耐性，會抓傷寶寶的臉。貓咪跟小狗就是不一樣，對吧，芮塔？牠們會吃醋……」

「克麗奥才不吃醋呢。」羅柏說。

「等寶寶來了就知道了。」老媽說。

「克麗奥很期待寶寶喔，」羅柏說，「她說寶寶是個祝福。」

老媽的手停在水壺握把上。她朝我拋來憂慮的眼神。

「你講說是什麼意思呢？」她問羅柏，「你覺得貓咪在對你說話嗎？」

「不是啦，」我連忙解釋，「羅柏只是做了幾個關於克麗奥的夢。我想沒什麼好擔心的。

你也知道小孩是什麼樣。」

「他吃了很多苦頭，」她壓低嗓子，「你想他該不會變得有點怪了吧？」

「他沒事。」我語氣堅定地回答，在托盤上排放馬克杯。

「老實說，我眞不知道你何必費心養貓，大部分人巴不得要一隻像芮塔這樣的狗，」老媽接著說道，「芮塔簡直就是……人類嘛。有她在，就像身邊有個人。」

我都忘了老媽是個徹頭徹尾的狗迷。芮塔和善地往地板重重拍著尾巴。老媽說得對，芮塔是世上最討人喜愛的狗兒。

「芮塔如果待我那邊，我從來就不用害怕，因爲她是很棒的看門狗。她的毛皮像絲一樣柔軟光滑。你不愛那摸起來的感覺嗎？她最棒的地方就是她**傾聽**的方式。你沒注意到，**不管我說什麼**，芮塔**全都聽進去**了嗎？」

我的心驟然頓住。一個曾經如此堅韌強大的女性，是怎麼突然變成頂著波浪灰髮、戴著雙焦眼鏡的老婦呢？向來的標準尖頭細跟高跟鞋，讓位給合乎情理的軟質皮鞋，鞋頭圓得不致困擾她的拇趾滑液囊腫。

可是她跟自身的老朽較勁。對時裝的敏銳嗅覺（鮮豔的墊肩外套，用厚重的首飾加以襯托強調），加上一輩子專情於珊瑚色口紅，她在逼近八十歲的年齡群裡站在時髦的那端。儘管如此，她比以往看來都要孱弱。而這是她頭一次眞正開口跟我要求什麼。她想要陪伴、保護，想要有個對象能給予與接受愛意，更重要的是一雙專注的耳朵。

我倒茶的時候，媽媽晃過走道往我們的臥房去，芮塔緊跟在後。比起她的生活，我的生活熙熙攘攘，滿是成人、孩子與動物。現在還有個嬰兒可以期待。媽媽想要的，不只是電視與織針。她對療癒的需要程度，即使不超過我們，也與我們不相上下。祖父母輩的傷慟有著雙倍劑量——爲了失去的孫子而傷慟、同時對家庭夢碎之成人子女的難過感同身受。

「我真不敢相信！」媽媽喊道。

我循著她的聲音踏入臥房。克麗奧再度安坐於搖籃裡。她與媽媽緊扣彼此的憤怒目光。

「你是怎麼溜進來的？」她對貓咪低聲怒吼。

克麗奧用四肢撐起自己，尾巴往下彎成老式泵浦把手，也以低吼回報。

「可能是從窗戶進來的吧。」我回答。

「這隻貓是個麻煩東西！」老媽厲聲說，一把挖起克麗奧，堅定地再度放到屋外去，

「你非把房門關緊不可。」

搖籃之戰日復一日地持續下去。雖然我試著把房門關起來，卻似乎老會滑開。克麗奧從未錯失重返新床的機會，而老媽時時準備好要把她扔出去。

我試著在這兩位心意堅決的女性之間提出停火協議，但這樣的嘗試毫無意義。貓咪與外婆之間的緊繃氣氛快把我逼瘋了。有天夜裡我無法成眠，在午夜左右爬下床鑽至屋底，在闃黑之中摸索手推式割草機。就著月光修割草坪能讓我稍微平靜一點（也許還能提供山莫維爾太太一點娛樂）。

「你有點坐立不安喔？」翌晨老媽說道，「那是寶寶快來的徵兆。你最好把貓給丟了。」

我不再嘗試化解紛爭。老媽宣布要離開了，如同往常一樣快。道別的一幕總是笨拙尷尬。我們家不大喜歡情感外露。她把行囊拖進掀背車時，頓時又露出弱不禁風的模樣，一位穿著棕色外套的孤獨老嫗。我們匆匆擁抱，芮塔在旁觀看，尾巴降成半旗。

「保重了。」我低語。

「你也是。」老媽說，青筋畢露的手搭在駕駛座門上。

眼前的車程還得讓她獨處五個鐘頭。接著她會在電視機前自個兒吃吐司配炒蛋，然後繼續編織。晚間十一點左右，她會在就寢前喝杯茶，配上一兩塊餅乾——無人可以說話的時間，全部加總起來足足有十二個小時。對於某個需要說話的人而言，這肯定是個折磨。可是老媽不曾埋怨。

「你想要芮塔去陪你一陣子嗎？」我問，「我跟羅柏、史提夫談過，他們都可以接受。」

媽媽頓時挺直背脊、蛻去十歲。

「我想我們會處得很好，對吧，小妞兒？」她毫不遲疑地說。

芮塔戀慕地仰頭望她，帶著忠心不二的表情，歡喜地吠了吠。老媽已有好久不曾是如此奉承的焦點了。

「馬上就好。」老媽一下子變得年輕亮麗。她往後座探手，拿出她織的一條綠厚氈，平鋪在前座。芮塔飛揚著尾巴，開懷地躍入座位，等待引擎啓動。

假使動物是療癒者，那麼母親需要一位療癒者的程度不亞於其他人。這位銀髮婦人與金毛狗兒駛離街道時，看來登對極了。

我舉起手臂揮別，忽感一種陣痛——古怪而熟悉。我既興奮又恐懼。一位新人類將要誕生於地球。

17 新生

對於貓咪與人類來說，愛有時是苦痛的。

貓媽媽被恰如其分地稱爲皇后。我個人認爲，如果懷孕婦女也被稱爲皇后的話，那就太棒了。如果引起同志社群強烈抗議，那我們也許可以接受男爵夫人、女公爵或精靈公主的稱呼。只要不是孕婦、多產孕婦，還有令人避之唯恐不及的高齡孕婦等，讓人魅力盡失的醫學名詞都行。

貓咪一胎可以產下四到五個寶寶。如果人類也起而效法，那女人盯著馬桶①的月份就

①譯註：指孕吐。

會大幅減少。她這輩子只須買一套醜陋不堪的孕婦裝，童裝則大批搜購，還可以直接跟嬰兒用品製造商與學校（五人份的教育費只收四人份？）議價。

蠢動不安絕對是雌貓進入分娩階段的徵兆。就跟人類一樣。我當初以爲搖籃之戰是我在月光下推除草機的脫序行爲的起因。我早該明白，那只是叢林原始天性在交代我的身體，要爲大事將臨準備熱身。

「哈囉？醫院嗎？嗯，我想我可能快要生了。陣痛嗎？嗯，還沒有很強烈——也許相隔五分鐘吧……你說要我試著睡一下是什麼意思？我都要生產了，怎麼睡得著啊？……你要我吞個藥平靜一下？你是在開玩笑嗎？你們的病床都滿了又怎樣？我就在清潔工具間生啊。」

「竟敢拒絕我入院，那個笨護士以爲自己是哪根蔥啊？」

「藥丸在這裡，」史提夫說，「試著好好睡一晚吧。」

「我想我們應該打個電話給吉妮。她知道該怎麼做。」

「我打了。接電話的是保母。他們夫婦去參加某個搖滾樂頒獎典禮了。」

「**搖滾樂頒獎典禮？**」

「不要緊的。他們午夜左右就會結束。如果我們最後還是上醫院去，吉妮會到那邊跟我們會合。睡一下吧。」

＊＊＊

「幾點了？」

「你還沒睡著啊？都十點半了。」

「陣痛七個小時以前就開始了。我想我們該上醫院去了。」

「他們不肯收啊。」

「要是我們都到他們門前了，總不可能把我們轟出來吧？」

當我們開進醫院停車場，我馬上又想回家了。醫院老是讓我毛骨悚然，尤其是在對方不怎麼歡迎你的時候。連這家設有「家庭式」新產房區的醫院也是，簡直可以充作科學怪人電影的場景。要是我能不去注意機械裝置發出的閃光、等待插入管子與電線的牆上洞口、在綠色手術布下蠢動著的討厭器械該有多好。老實說，我自己寧可像母豬一樣，窩在厚紙箱裡。

最後證明，我的生產機制的效率遠低得多。我淋浴、呼吸然後踱步。我宛如動物般地蹲伏，有如亞馬遜流域的農婦一樣跪地。如果能讓事情順利進行，我也願意把自己倒掛在牆上一幅品味拙劣的畫作上。全都沒用。即使陣痛越來越不舒服，他們還是拒絕公事公辦。

醫生接近午夜時分才來到，在隔壁房間睡著了。我讓每個人倍感無聊，包括我自己。我眞想衝出醫院門口，奔入夜色中。

即使我原本計畫在不靠止痛劑的情況下自然生產，卻不免開始依賴會釋出噁心氣味的一氧化二氮面罩。我永遠也不懂它爲何俗稱「笑氣」。除了大家都開始用唐老鴨的聲音講話以外，一點滑稽的事情也沒發生啊。他們是故意那樣來惹我心煩的。不管他們何時要把面罩從我這裡撬開，我都會把它用力罩回臉上，拒絕放手。

醫生現身，說她要刺穿寶寶頭部四周的薄膜。寶寶？這種痛苦過程跟寶寶哪有什麼關係？突然之間，一隻亮晶晶的白貓滑入房裡，就站在我上方，用閃亮美麗的眼眸凝望我。只除了那不是貓咪而是吉妮！

「你進步很多喔，」她在我耳畔咕嚕，「我們看得到頭了。寶寶有一頭纖細的黑色短髮唷。你可以配合下一次陣痛推擠。」

「這就對了，」吉妮說，「再推一次……」

有壯觀的瀑布可以看倒也不錯。好似顆顆鑽石形成的彗星，以弧形朝天花板射去，然後落在我右膝過去的某處。

空氣中充滿了高聲的哭叫。深紅色的迷你雙腿與俏麗小腳，跟粗得足以把史提夫的渡輪綁在碼頭上的紅紫繩子互相糾結。是臍帶。嬌小的雙手像粉紅山茶花一樣蜷起。一張有如精神導師般的睿智臉龐，鮮嫩有如黎明，頂著一頭深色髮絲，她好奇地環顧房間。那麼篤定自己適得其所的模樣，是我從未見過的。寶寶。**我們的寶寶！**愛的浪潮自我心中湧出，將這孩子團團包覆。

「她完美極了，」吉妮說，將她往下放入我的臂彎，「你要怎麼叫她？」

我萬萬沒想到會是個女孩。我對女兒的渴望如此深刻，反倒過於害怕而不敢承認，尤其是對我自己。這孩子的性別表明了她無意成為山姆的複製品。她以短淺的目光往上專注凝望我的臉龐，散放出強烈的個體性。我完全不考慮珊曼莎②，連當中間小名都不要。

「莉迪亞，」我說，「是我祖母的名字。我沒見過她，可是大家都說她是個堅強的女子。」

「莉迪亞你這小傢伙，」吉妮柔聲道，「祝你輕鬆度過人生的陣雨。」當吉妮即席賜予祝福時，我頭一次注意到吉妮的眼眸有如克麗奧，閃爍著不言而喻的智慧。

②譯註：山姆的女性版名字。

18 冒險

貓咪以四腳無聲滑行，動作有如牛奶般地流暢。牠們天天都在冒險。

羅柏說得沒錯。克麗奧一點也不嫉妒寶寶。我們的貓咪毫無怨言地讓出搖籃，似乎明白莉迪亞是我們家新增的珍貴成員。克麗奧著迷於這個新人類，而莉迪亞對於大半夜保持清醒的興趣，也受到克麗奧的歡迎。事實上，克麗奧似乎以為，莉迪亞發明三小時一次的餵食時程，是特別為了減緩平淡漫長之黑夜的百無聊賴。不管寶寶何時有了騷動，凌晨兩點、三點半或四點十五，一個四足的剪影就會喵喵嗚叫，彷彿方才只是打個小盹，一心盼的就是這個有趣活動。克麗奧會躍進搖椅，依偎在母親與新生兒那種溫暖潮濕的親密感之中。有時她會棲坐在椅子的枕墊，響亮地呼嚕叫，透過巨大的半透明眼眸往下俯視我們。克麗奧在我們上方站崗，似乎從夜裡召集神祕的力量，以愛與保護籠罩我們。

我從未見過這麼怡然自得的嬰兒。莉迪亞用纖細的手緊抓我的指頭，似乎知道自己身處受到需要的地方。要是山姆沒在兩年半前離開我們，她永遠也不會存在，想到這點直覺不可思議。我仍爲山姆哭泣，並在莉迪亞腦袋的形狀與眼眸裡找尋他的蛛絲馬跡。可是莉迪亞決心按照自己的條件得到接納。極大的喜悅並不會抹消傷慟。兩者可以同時含納。

冬季再度降臨。遒勁的南風在猛烈雨勢下爲之凍冷，狂吼著跨越庫克海峽，前來騷擾這座城市。雨傘在街角爆開。老婦緊攀路燈燈柱。市民掙扎著爬坡回家時，無人可以被控訴說他的日子特別好過。等強風終於耗竭，山丘將自己包覆在雲朵襯裙裡生著悶氣。這都市將自己封閉起來。而雨仍不稍停歇。

威靈頓人很少提及這些煩心瑣事。他們住在氣候頗具挑戰性、直望冰凍大陸狹口的一連串峭壁上，唯一的獎賞就是他們自知棲居於國家首都，地位舉足輕重（沒有更圓滑的說法了）。比起那些粗裡粗氣的奧克蘭人、乏味的基督城①人以及其他省分來的鄉巴佬（最好

①譯註：威靈頓（Wellington）為紐西蘭首都，位於北島南端。奧克蘭（Auckland）是紐西蘭第一大城，位於北島。基督城（Christchurch）為紐西蘭第三大城，位於南島。

別這麼講），他們的層級當然高了一階。如果說天氣讓每日的生存變得艱難，那麼首都的內在生活相形之下，可就琳琅滿目了，有讀書會、夜間課程。就人口比例而言，每人分配到的戲院數比其他城市多。他們是一群有文化素養的人。

「一定是你把這種天氣帶來的，」他們會以控訴意味的語氣，對著渾身濕透、發抖不已的外地訪客說，「要是你昨天來就好了。之前兩個禮拜，我們的陽光可燦爛嘍。」

可是連續十天的風雨過後，威靈頓會來點非凡的東西。這城市甩開灰蒙蒙的斗篷，猛然以清新宜人的原色現身。笑容可掬的金黃太陽會讓海港透著蔚藍。緋紅屋頂在翠綠山丘的烘托下散射微光。威靈頓好似剛從彩圖童書裡蹦出來。再一次，當地人會互道恭賀，慶幸自己住在他們謂爲熱帶天堂（欸，幾乎算是啦）的地方。

莉迪亞來到以後的六週，羅柏就快九歲了。想到又是九歲生日，一種非理性的陰影迎頭罩下。九會不會成爲我每個孩子的不幸數字？

「你想怎麼慶祝呢？」有天早上我問羅柏，一面擔心他可能想複製山姆那種詭異的九歲生日「派對」。

「我最想要的，」他說，我在廚房水槽上方屏息以待，「是過夜的睡衣派對。」

「跟傑森嗎？」

「還有賽門、湯姆、安德魯、納森……」

「哇，一場大派對嘍？」我想像快樂的噪音在壁紙上迴盪彈響，「我們來辦吧！」

「我還可以邀請丹尼爾、雨果跟麥可嗎？」

「當然嘍！你想邀請女生嗎？」

羅柏望著我的神情，彷彿我提議他在早餐吐司上鋪青花菜跟洋蔥。

羅柏生日那天早上，我們早早喚醒他，將紅色棉紙包裝、繫有藍蝴蝶結的小包裹送給他。是超人的色彩。

「我要先打開卡片嗎？」他興奮得上氣不接下氣。

發現克麗奧也在他的生日卡上，用藍色指繪顏料蓋上掌印當作簽名，讓他相當開心。他向來是個細心的孩子，以指甲將透明膠帶剝除，而不像其他男孩那樣用力撕扯。望著他那張滿懷期待的甜美臉龐，我不確定他是否準備好接受這個禮物，而我跟史提夫是在經過無數次商談後，才小心選定這項禮物的。

「哇啊！」他喊道，臉龐因為喜悅而灼亮。「一支眞正的卡西歐電子錶耶！」在任何人都還來不及說「多功能的喔」之前，錶已經被取出盒子、套上他的手腕。

「我**好愛**這個喔！」他說，「還有燈耶，看到了嗎？如果按這個按鈕，就可以在暗暗的地方看時間呢。」

羅柏對科技那麼容易上手，可不是從我這邊遺傳來的。他細讀說明書，跟我們說，這支錶除了飛進太空以外什麼都辦得到。他因爲滿足而興高采烈，把錶面那層保護膜撕去，將說明書摺好之後，必恭必敬地放回盛裝手錶的盒子。

「這是我收過最棒的禮物了，」他嘆口氣，把超人手錶從床頭桌拿起來，「可惜我沒辦法同時戴兩支手錶。」

他的拇指繞著超人手錶的錶面。我的喉嚨裡卡著什麼。我們怎麼會這麼不體恤？

「我眞的很愛這支超人手錶……」當然了，要他放棄這支手錶所提供的安慰以及跟山姆的連結，是操之過急了。

「別擔心，羅柏，」我說，「我們會把卡西歐拿去店裡換別的東西。」

「不要啦！我不是那個意思！」他神情認眞地搖著頭，「我的意思是……如果我把山姆的手錶收進抽屜裡，你想山姆會介意嗎？」

我喉嚨裡那個尖銳的硬塊化解了。我把羅柏拉過來，依偎在我的頸邊，一面撫搓他的頭髮。

「山姆一點都不會介意喔，」我一面嚥回驕傲的淚水，「其實啊，我想他會說，你已經準備好要戴大男生的手錶嘍。」

＊＊＊

派對那晚，男生們穿著睡衣，成群結隊走下之字路，臉上的笑容明亮得足以讓埋頭破壞灌木叢的負鼠爲之眼盲。羅柏在屋裡歡迎他們，他用亮紅色的睡袍與全新的卡西歐手錶妝點自己。這支手錶的數位功能比太空梭還多。

屋裡滿是高聲喧囂、四處竄跑的男孩。牆壁爲之晃動。橡膠樹盆栽顫抖不已。洋芋片在粗呢地毯上被碾成碎片。香腸在廚房裡扔來扔去。就是以前會讓我渾身不舒服的那種派對。然而我不再有那種感覺了。替他們把床單綁在身上，讓他們吊在窗外懸盪？有何不可！在走廊上打板球？破了一兩塊彩繪玻璃又如何？我套上藍色睡袍，以便搭配派對主題，做好男孩們會放肆撒野的心理準備。

我先前不曉得羅柏在山姆死去的兩年半裡交了這麼多朋友。他們也不是純粹出於同情才盡責地接受他。他們彼此調侃、共同歡笑，以眞情對待羅柏。他從一九八三年以來走過一段漫長的旅程。那位害羞的小弟弟轉化成外向的朋友吸鐵。我心懷感激與對他的敬意，差點垂淚哭泣。

貓咪、寶寶與派對搭不太起來。我將莉迪亞與克麗奧安置於屋裡安靜的一端。可是訪客讓她們爲之著迷神往，而非驚嚇恐懼。我帶她們出來逡巡一圈。克麗奧很快就收養了賽門（一位紅髮的愛貓族），整晚大半時間都在他的大腿上淺嘗火腿薄片。穿著藍色嬰兒裝的莉迪亞（本以爲她會是男嬰時買的），以英國伊莉莎白皇太后出巡時親切有禮的微笑，向我們的賓客致意。

男孩們玩傳包裹②，不過看他們的情況，或者該說是丟包裹比較像。雨水猛劈窗戶。

---

②譯註：把包有多層包裝紙的包裹在眾人間互傳，音樂停下時拿到包裹的人要剝掉一層包裝紙，拿到最裡層包裝紙的人就是贏家。

屋頂上方傳來高速擊鼓般的轟隆雷鳴。一道閃電與前門扣環猛叩的聲音同步響起。

一位戴著假鼻子與眼鏡的年長魔術師正站在門前階梯上。他一手提著大型行李箱，無視於強風大雨，彷彿那只是他隨身攜帶的劇場道具。他肯定有八十歲了吧。他因遲到而致歉，脫下雨衣，往禿腦袋猛地戴上土耳其帽。我爲他擔憂，沒有比一群粗野胡鬧的男生更嚴厲的觀眾了。當他大膽地踏進客廳時，男孩們發出訕笑。他在裡面撐不過三十秒的。

他的雙手方正，手指的大小與形狀有如菸蒂。表面看來是砌磚人的雙手，不過最後證明其實相當靈巧。魔術師在塑膠袋裡變換繩子的長度、濺有墨水的圍巾塞入厚紙箱後自行洗淨。雖然男孩們不打算吃驚懾服，卻身不由己。

到了演出末尾，老人拿出一頂禮帽。他請壽星男孩用一根魔棒輕拍帽子三下。一隻純白的鴿子從帽裡冒了出來，活生生地呼吸著，人人爲之驚嘆。

克麗奧一直待在賽門膝上饒富興味但態度超然地看著。突然之間，卻像巧克力糖一樣衝過地板，撲向鳥兒。老人往後傾跌。鴿子警覺心一起，嘎嘎猛叫，溜出他的掌握。這隻鳥拍翅飛越房間，笨拙地棲在橡膠樹盆栽上方。史提夫抓起克麗奧，將她帶出房間，由我扶魔術師起身。

「哇！這是我參加過最棒的派對了！」當魔術師召回他的小鳥，帶牠走出廚房時，一個男孩喊道。其他人高呼表示贊同，並且用熱烈的掌聲送老人出場。

後來，魔術師用一杯茶來安撫鴿子與自己的神經。大衛・鮑伊③迷濛夢幻的曲調穿透牆壁迴盪不已。

「他們把**那個**當作音樂啊？」他嘆口氣，把塑膠鼻子與眼鏡塞進口袋。

老先生將茶飲盡，把行李打包好，回到雷雨的安全懷抱。我揮手向他道別，壯起膽子踏入派對現場。看到十五個穿著睡衣的男孩在家具上跳來彈去，蛙跳躍過那塊粗呢絨毯，不久以前，這樣的事情會讓我降格成爲尖叫的潑婦。可是我已經花太多年時間吼叫、要男孩乖乖守規矩。不如屈服於噪音與雜亂之下，全心歡慶，這樣樂趣多得多。

我在那片腦袋的汪洋中尋找羅柏。穿著紅睡袍、懷裡揣著克麗奧的他，很容易被發現。

「嘿，這個你們會很愛喔！」他喊道，把音響開得更大聲。當鮑伊雄渾地唱出羅柏最

③譯註：David Bowie (1947–)，英國二十世紀搖滾巨星。

愛的歌曲〈我們來跳舞〉時，我只有一個選擇——投降。我把莉迪亞攬抱在腰間，一面搖擺旋轉、跳華爾滋，直到兩腿發痛。喜悅在房裡閃動。山姆還活著的日子裡——不，應該說向來——我從沒這樣狂歡過。放縱所有滑落的淚水，我把小心翼翼的念頭拋開，再也不想一直掌控情勢。男孩不是等著要對我們的家具肆虐發威的災難。矮几多幾處刮傷反倒更有味道。我們歡笑、舞動。我們活著。

* * *

羅柏生日的幾個星期後，我接到報社編輯吉姆・塔克的電話。吉姆要辦一份全國性的大報《週日之星》，徵詢我是否願意以專題作家的身分加入他的團隊。聽著吉姆熱切的言語，我必須專注於他的聲音，才能說服自己並非在做夢。在刺激的工作環境裡重新起步，正是我夢寐以求的事。直到現在爲止，我一直以爲那永遠不會發生。畢竟，我替威靈頓的報紙每週寫的家庭生活花絮，根本不算是普立茲獎的材料。

吉姆提供的是每位母親的夢想——彈性的工作時間。可是有件事是他不準備協商的。

如果我想要這份工作，就得把全家打包起來，貓咪與一切，然後往北遷移六百公里到奧克蘭去。心臟在我的喉嚨後方劇烈彈動，我向吉姆道謝，問他能否給我一點時間考慮。

克麗奧滑入廚房，透過新月般的雙眸仰頭凝望我。我把她抱起來，手指拂過絲綢似的毛皮。我們在威靈頓交到了好朋友。我們怎能離開吉妮與傑森呢？羅柏在學校很快樂。生日派對的成功，證明他的進步有多大。莉迪亞還太小，不會注意到變化，即使如此，我還是得替她找到優質的照護。那克麗奧怎麼辦？對居住地的依戀比對人更深，貓咪這點是出了名的。

而且還有那份工作。吉姆顯然有信心，除了嬰兒、地毯絨毛與超市推車之外，我還有能力寫別的題材。要是他弄錯了呢？在郊區意志消沈了十年以後，受過的新聞學訓練大半都忘光了。我的腦袋有些部分肯定萎縮了。要不然我爲什麼會用速記代號列出購物清單後，卻在超市裡爲自己的火星文而苦惱。要是失敗會很糗，因爲是在眾目睽睽的公開情況下。

我愛威靈頓，也學會欣賞其氣候、山丘與地震足以形塑性格的層面。另一方面，規模較大、氣候溫暖的奧克蘭也有其吸引力。我有時納悶，之字路上的平房是不是建在一道厄運的斷層線上，不管誰住在那四壁之中，必定招致憂傷。即使我跟史提夫在懷了莉迪亞與她剛出生期間，乘著興高采烈的雲朵度日，可是我們不時飄回原有的退縮與憎恨的行爲模式中。愛情再度如履薄冰。也許扶桑花與漫長夏夜的浪漫，會讓我們鼓起勇氣再做最末一次嘗試。

史提夫向來支持我的寫作「事業」，準備好承受賣掉房子、每隔幾週通車到船上的不便。接受吉姆的工作邀約是很大的冒險。反過來看，拒絕他的話，卻可能冒著更危急的風險。

我看過克麗奧處於類似的困境，後腿卡在樹木的杈枝間，前掌往下伸展，岌岌可危地棲靠在籬笆頂端。她知道自己該從樹上下來，而籬笆是唯一可行的選擇。但是她的信心有時會動搖，試著扭身爬回樹上。可是已經太遲了——她已經做出行動，伸展身體、跨越樹木與籬笆間的空間，而且只有一條路可走。她得使出每一丁點的注意力，讓後腿準確地落在籬笆上。如果失足，就會很不體面地翻滾墜入花園。克麗奧是個冒險專家。她天天都在冒險，而且幾乎每回都驚險過關。

我們撐過兩次沒有山姆的耶誕節以及他的兩次生日。傷慟依然刺痛的日子，點綴穿插著慢慢增多的「好」日子。樂觀的態度也很脆弱易傷。我就像冗長的冬季過後，強逼自己冒出土來的嫩芽，輕而易舉就會被擊垮。

吉姆的邀約給了我力量。有天早上我散步穿過市中心，感到非比尋常地快活輕盈。我在山姆上托兒所時認識的朋友葦樂莉走了過來，露出那種我已經很熟悉的殯儀館神情。「你還好嗎？」她以診斷出絕症的老掉牙語調說，「我姨婆過世的時候，我還想到你呢……」

聽完葦樂莉的故事（她的姨婆露西在挖馬鈴薯時過世，享年九十有七），我趕緊回家拿起話筒。「吉姆嗎？那份工作我要定了。」

19 韌性

貓的生活中沒有變動，只有無盡的探險。

離開威靈頓最悲傷的事，就是向吉妮道別。她站在之字路的頂端，風將她的耳環吹成水平。可是房子賣了，行李也滿到車頂，要改變主意已經太遲。我感應到，我倆永遠會是對方生命的一部分。

「親愛的，你會大放異彩的，」吉妮透過車窗送來飛吻，「掰嘍！」

蘿西預測我們的貓咪會因遷居北部而受創，但克麗奧的行事難以預料。我們越把克麗奧當成榮譽人類，她就表現得越像人類——雖說她依然謀求女神的地位（當你可以爬上餐桌時，又何必坐在某人的大腿上？）。

長達八個小時的車程，一路窩居在籃子裡，對貓族神祇來說，絕對稱不上豪華旅行，可是她卻毫無怨言。大半的路程上，她在一隻襪子的相伴下滿足地打盹。

我們在凌亂不堪、緊鄰城市的郊區龐森比，買下老電車長的小木屋。我深愛龐森比一帶的輕鬆氣氛，玻里尼西亞婦女混跡於街頭頑童和假裝自己是藝術家的醉鬼之間。連塗鴉都值得一讀。我當時並沒想到，濃縮咖啡機與認眞誠摯的年輕夫婦進駐此地，只是遲早的事。

我第一眼看到那棟小木屋就愛上它了。光照充足、比鄰街道、易於抵達，跟我們威靈頓的房子完全相反。這木屋設有大型的垂直推拉窗，木工工藝有如蕾絲似地環繞迴廊，正對著街道綻放微笑。園藝格柵上穿梭繞纏著紫藤。花籃迎著微風款擺。白牙般的尖木籬笆對著瓶刷樹閃閃發亮。

室內的格局賞心悅目，也在預料之中。通向開放式起居區域的中央走道旁，設有三間雙人臥室。一九七〇年代的某個時刻，有個陰鬱的嬉皮整修過這地方。他當時一定相當沮喪，要不然何必在每個房間鋪上深棕色地毯，還在廚房四面牆貼上糖蜜色的木板？雖然表達個性的特點，像是嵌板拼成的天花板、磚砌壁爐都保留下來，可是偶爾難免有品味淪喪的地方。我願意原諒他對紅木籬笆著色劑的偏好，不過就是得強迫自己別去多想客廳與廚房之間的西班牙式拱道。

後院對孩子來說再完美不過了。與廚房相連的日光室，有落地窗通往紅木平台，平台邊緣有內建的板凳。藤架上垂著沈甸甸的葡萄；教人歡天喜地的是，下面還有個大型熱浴池。平台過去是一小片草地，奇蹟似地平坦，有足夠空間可以擺放攀爬遊戲架與彈跳床。香蕉樹叢在屋後籬笆後方揮動著閃閃發光的複葉。這地方的一切都在高喊著「從此以後永遠幸福快樂」。史提夫沒那麼有把握，可是卻願意配合我的熱忱起舞。

後座的籃子發出尊貴的喵聲。遵循蘿西行前的指示，羅柏連籃扛著克麗奧穿過柵門。他走進屋裡，把籃子往下擱在地上（我的視線掃過地毯的那刻，就知道這房子正是爲我們而設的。我們注定要跟惹人反感的地板遮覆物共生共存）。他小心翼翼地緩緩掀開籃蓋。蘿西警告過我們，這趟旅程下來，克麗奧可能會茫然無措，也許會膽怯地躲在提籃裡好幾個鐘頭。

一雙黑耳從柳條籃緣升起，跟著出現的是兩顆眼珠、黑色細鬚與一個鼻子。那雙眼睛往四周骨碌轉動，檢視破陋的廊道，然後往上一轉，點名所有在場的人類奴僕。克麗奧以優美的身姿從閨房裡彈跳出來。好似狙擊手般地打探敵對村落，她躡足穿越房子，在各個房間嗅聞地毯、探查角落。

在浴室裡，她在破舊的爪腳浴缸下搜尋蜘蛛，最後心滿意足地得到鬆脆點心的獎賞。廚房揭露另一種珍寶——水槽下有個活動力超高的螞蟻聚落。有這麼多居家的生物，這房子簡直是專爲她量身打造的。

克麗奧特別讚賞落地窗強化光照的能力。她打著呵欠，橫越門口伸展身體，毛皮在熱氣中閃著藍黑。她的眼睛縮成半透明的細線，人類奴隸抬著箱子與行李箱越過門檻，小心翼翼別絆到我們的埃及公主。她的祖先肯定在建造金字塔的時期，也打著盹度過類似的場景。蘿西指示我們把克麗奧留在室內兩天，免得她一時驚慌，企圖逃回威靈頓。但我們的貓咪樂陶陶地沈浸於個人的日光浴間，並未流露出逃離的意圖。當初爲了應付古埃及熱氣而有所調整的基因，此刻正沈醉於奧克蘭的亞熱帶氣候。

＊　＊　＊

我眞希望我們其他人都能以克麗奧爲榜樣，適應所有的變化，可是婚姻那方面卻沒有重新起步的跡象。史提夫必須通勤到威靈頓，表示分離的時間會更長。我們放棄了，不再嘗試跨越差異的山谷，開始坐擁各自的社交生活。他覺得我結交的朋友喧鬧得令人不快，而我卻發現他的朋友都是自省到令人不安的地步。他在日光室的沙發床上紮營。我們試著愚弄自己：爲了孩子好，我們還是可以當朋友，但不是**那種**方式。

雖然羅柏在原來的學校很受歡迎，但是一板一眼的學習方式讓他難以融入。我開始害怕在家長懇談會時，棲坐於矮人用的椅子裡，聽著看起來只有十二歲的老師以單調語氣說著，羅柏儘管聰明但需要更加努力。我的學生生涯大半時間都盯著教室窗外，欣賞陽光在遠處樹木上的質地（有一回有一對小狗展現了我只在少年少女健康書的線條畫裡看過的東西，那本書是老媽留在我床上的），我對羅柏完全能感同身受。我與羅柏的唯一差別在於，他在學校**的確**很用功。他在閱讀與算術方面所付出的龐大努力，只得到丙跟丁的認可，讓他倍感挫折。雖然他老師的年紀幾乎不足以咀嚼固體食物，卻擁有權力，也（像大多數的獨裁者與孩童一樣）認定自己沒錯。我很厭倦聽到他們暗示羅柏有「問題」，死去的哥哥與婚姻不快樂的父母也要算上一筆。他們無法欣賞他吸收資訊的非傳統方法；他們太過懶散或缺乏想像力而不肯多費心思。

搬遷到奧克蘭，讓羅柏有機會嘗試氣氛較為悠閒的學校，雖然我原本沒預期到會那麼放鬆。裡裡外外的每個牆面，都貼滿孩子以原色狂筆揮灑的藝術作品。操場設備（水泥管道、巨型木製纜線捲軸）恍如大型道路施工剩餘的物資。他的新老師羅伯茲太太，頂著毛茸茸的紅髮，藍綠眼眸透著超凡的閃光，肩上繞披著紮染的絲巾。

「這個學校比較另類，」我們手忙腳亂地穿過巨大管子回到車上時，我向羅柏解釋。

「什麼意思？」

「他們不會期待你把所有時間花在書本上。如果你不喜歡陶藝課，可以選舞蹈或戲劇。在這裡沒人認識山姆。你不用再當那個有哥哥過世的男孩，只要做你自己就行了。」

我後來才想到舞蹈、戲劇與陶藝可能不適合一個建造那麼多模型飛機、讓臥房成為迷你戰場的男孩。別的孩子在海灘邊戲水時，他卻花好幾個鐘頭打造設有排水系統與高架橋墩的城市。我早該明白，這樣的孩子不可能把自己擠進緊身褲裡，乞求扮演《天鵝湖》裡的王子。儘管如此，他還是願意試試新學校。

下一個挑戰就是找個可靠、討人喜歡又完美無瑕的人來照顧莉迪亞。雖然吉姆承諾讓我有彈性的工作時間，可是大多數的日子還是得進辦公室。想到要把一歲的莉迪亞留給陌生人，我的心就作痛。

我向保母仲介解釋，我在尋找的人是瑪莉・包萍①與聖母馬利亞的綜合體。保母仲介人員噗嗤一笑，但她不是那種準備把披著保母外衣的戀童癖者引介給我的人，所以她的笑聲並非譏諷式的嗤之以鼻，而是清脆如水晶的認同笑聲。「我手上正有那樣的人唷，」她說，「她叫安・瑪莉。說來很不可思議，可是她目前真的有空。不過，有一堆人排隊請她替他們工作。你得先查清楚她會不會先喜歡你。」

由**保母**來面談**我們**？

安・瑪莉的資歷再好不過了。她不只在倫敦頗有聲望的諾蘭保母學校受過訓，也親手把四個孩子拉拔長大。

當她出現在我們家門前階梯上時，身上混搭了淺粉紅與白色的衣服，卻一絲污漬也沒

---

①譯註：澳洲作家 P. L. Travers（1899–1996）所著的系列童書 Mary Poppins 的主角，是個具有魔力的神祕保母。

有，直教我敬畏三分。她的鞋子有如一對雪球般晶瑩閃亮。不過，她的棕色眼眸傳送暖意，尤其在看到莉迪亞（她當場就喜歡上安・瑪莉）的時候。當寶寶露出歡迎的燦爛笑容，抬起圓胖的手臂環抱安・瑪莉的頸項時，一股原始的妒意驀地朝我襲來。這就是每位上班族母親把孩子遞給照顧者會有的感受吧。

我焦慮地等待電話響起。守候一整天之後，安・瑪莉說她願意接受我們。

我幾乎不敢相信自己有重回報社工作的運氣。我都忘了自己有多麼想念那些棲息在新聞編輯室裡的悲傷／滑稽／聰明的社會適應不良者。就像迷途的流浪者返回她的部落一樣，我終於找到歸宿——與其他局外者相伴，他們之所以選擇新聞業，是因為沒有其他雇主會忍受他們那種任性的反社會行為。

我愛瑪莉，那位光彩動人、自我懷疑的愛爾蘭籍時尚版撰稿人，還有科林，這位搖滾樂記者的性感憂鬱，讓女人像褪疤貼片那樣緊黏不放。專題編輯堤娜高度緊繃，有時會爆發白金般的狂怒。可是她冰雪女王的面具偶爾會融化，露出一顆熱情純粹的心。

電視撰稿人妮珂是個金髮美人，天生長著從電影明星那裡偷來的美腿。我推想妮珂不會跟凡人浪費她的時間。可是她跟我一樣，十多歲就當新娘，而今正在離婚與監護權的沼澤裡艱難跋涉。妮珂跟我們其他人一樣不落俗套，渾身是傷；當她全心投入一篇報導時，就跟㹴犬一般強悍。我愛他們每一個。

能夠再度好好打扮也讓我樂在其中。過去十年，我的衣櫃裡滿是運動褲、孕婦裝與睡袍（色調大都是灰、黑與棕色）。穿上桃紫紅套裝，配上鈷藍色絲巾（回想起來，當時眞是俗又有力），一派閃閃發亮。每日早晨上妝，學習再度穿高跟鞋走路，讓我亢奮難抑。我覺得自己好似剛剛發現舞會還未結束的灰姑娘。樂聲更爲響亮，賓客更加滑稽傻氣，而我受邀回去拿那隻十號玻璃高跟鞋，再度踏入舞池。

身爲一般專題的撰稿人，我不介意他們分派什麼報導給我。他們如果要我寫寫臭蟲床蝨，我也會滿心感激。讓我詫異的是，吉姆與堤娜對我能力的信任遠超過邏輯。他們指派我訪問國際級的演藝人員，像是詹姆斯・泰勒與麥可・克勞福②，以及瑪格麗特・愛特伍、泰瑞・普萊契③這類的作家。更瘋狂的是，他們派我去見我們國家肥墩墩的總理，甚至是

②譯註：James Taylor（1948-），美國創作型歌手；Michael Crawford（1942-），英國演員與歌手。

③譯註：Margaret Atwood（1939-），知名加拿大女作家；Terry Pratchett（1948-），英國奇幻作家。

（老天啊）愛爾蘭總統瑪麗・羅賓遜。我很快得知，在國際舞台上越是位高權重的人，就有越謙遜與更容易接近的傾向，儘管飛抵我們農業前哨站時，會有讓人困擾的時差現象。但瑪麗・羅賓遜談起在廚房餐桌上輔導孩子做功課時，比起我們討論其他東西，都還來得更加活力充沛（這樣也好。國際政治不是我專長的領域）。

吉姆也要我寫社論。這時我會轉換成老謀深算的模樣，經過一番激辯之後，提煉出這份報紙對於從原子能到動物園每件事的看法。被要求在四十分鐘內交出一篇這樣的社論，就等於被放進微波爐裡以高溫烘轉。

有天早上我因爲驚慌而心煩意亂，寫了一整篇對「酒淸」④的危險大加撻伐的社論。要不是因爲我的手指誤敲了打字機鍵盤，不然就是那些年上課時老盯著窗外的行爲終於得到報應。我的怪異拼法躲過了助理編輯的法眼（當時還沒發明自動拼字檢查的功能），肯定連續好幾週讓這份報紙驟降到鋪墊垃圾桶的地位。讓我不可置信也永遠感激的是，吉姆跟

---

④譯註：作者將 alcohol（酒精、酒類飲品）拼錯成 alcahol。

堤娜忍住沒把我丟回街頭。他們繼續點頭微笑，往我這裡丟好報導過來。也許所有眞正的新聞從業員都因爲飲酒過量、跟對方纏綿交歡，然後染上某種形式的瘟疫，全都死光了。

可是即使我很愛辦公室，然而一天最棒的時候，就是我把鑰匙插入老木屋的前門，看到克麗奧沿著走道抖擻地騰躍而來，用一聲表示歡迎的喵嗚來迎接我。

我注意到克麗奧正在發展自己的語言技巧。我們任何一個人回家時，她會發出迷人的**哈囉**喵聲。除此之外，還有她被關在外面時堅定的哀鳴：**讓我進來，你這無情無義的傻蛋！**我們四個人加起來都沒她有禮貌。不管何時有人開門讓她進來，她總是會在經過時回報以短促又靦腆的**謝謝**。

用餐時間，尤其是有所延遲的時候，就會讓她降格到滿口街貓的語彙。站在冰箱前面，她會放聲悲號：**如果你現在不餵我，我就要跳到你頭上，替你的眼珠子刺青。**

不管是搬家或是遷居到另一個城市，克麗奧都穩如泰山。我本來擔心她頭一次住在馬路邊，可能會被車輾過——尤其是她偏好在天黑之後出門探險。在天昏地暗的街道上，誰看得見黑貓呢？而我顯然再次低估了她的能耐。她擁有善於在街頭鑽營的基因，無疑是遺傳自她的父親。

某晚她在房子底下與大貓喧囂激戰之後，回到前門時一耳被扯傷。在那之後，我試著把她留在室內，可是每晚她都哀號不已，直到我放她出門為止。雖然那場打鬥很嚴重，可是她一定藉此劃定了她的領土。我們自此再也沒聽到打鬥聲。

她的獵鳥技巧更上一層樓了。我衣櫥裡的鞋子塞滿嬌小屍體與一團團的羽毛。在孩子們持續不斷地央求下，我在後花園的角落挖了個洞，設置一方魚池並栽植水生植物。棲居池裡的金魚成了克麗奧迷戀不已的偷窺焦點。我懷疑牠們能否安度耶誕節。幸運的是，牠們生性還夠狡猾，清醒時分大都躲在睡蓮浮葉底下搞鬼。牠們生出多不勝數的魚寶寶。我好奇金魚不知有沒有避孕用具這種東西。

同一層肌膚底下，良好禮儀與魅力可以跟後街暗巷的韌性並存，克麗奧身上就展現了這種特點。我以她為榜樣，試著不去理會工作上的困窘時刻（比方說，當我花了半天時間才弄清楚，電話線另一端氣喘噓噓的男人並不是剛跑步回來，而是沈浸於沒那麼有益身心的活動時。或者把兩位時裝模特兒搞混，將不檢點那位的名字配上古典美那位的照片，結果不得不硬著頭皮接聽幾十通來電）。就像克麗奧在很罕見的情況下，會在籬笆上打滑、摔進繡球花叢一樣。我忍受那種屈辱，把它甩開，希望自己不會笨到重蹈覆轍的地步——也祈禱不用牽扯到律師。

接下來一年，我跟史提夫進入一種「有一人在家另一人就閃避」的模式。根據統計來看，女人比起男人更可能會結束一段關係。可我從來不迷統計數字。另一種理論是，想要結束兩人關係的男人，會讓自己變得難以共同生活，逼得女人不得不主動結束關係。

我們的婚姻好似一碗蛋白。我們兩人都在上面盡心盡力，把空氣攪打進去，偶爾將蛋白打出了高峰。有時看起來好像可以做出不錯的蛋白派，可是每個廚師都知道，如果蛋白打太久、做得太賣力，反倒會垮下去。

有天下午我下班後，情勢走到了關鍵點。他正站在車道上。我不記得那場對話談了些什麼，可能是些雞毛蒜皮吧，像是誰把奶油留在板凳上讓克麗奧吃到。結果越演越烈，就變成了爭吵——而我倆是從不爭吵的。我們突然談起離婚來。

我們兩人都心知肚明，他下半輩子不能老是睡在日光室裡。儘管如此，終於把「離」這個字眼公開拿出來談，還是教人震驚。

史提夫斜瞟著瓶刷樹的一朵紅花，說他希望盡可能別讓律師插手。那朵花頷首表示同意。馬路另一頭有輛車發出回火的聲音。前院花園看來不大適合進行這種對話。那大家都到哪兒談離婚呢？就我所知，肯定不是燭光搖曳的餐廳或薰香繚繞的臥房吧。

他說他下週會搬走。如果我不介意，他想帶走走廊上那幅遊艇畫跟別的一些東西。原來他早已盤算過了，這讓我頗爲震驚。不過，他事實上的確有好幾年時間足以深思熟慮。他想要均分照顧孩子的時間，建議我們可以事後再來處理金錢方面的事。

噢，而且我可以把貓留下。

20 開放

比起那些聲稱自己不愛貓的人，更加不開明的，就只有發誓百分百只愛狗的人。

沒有孩子在床上嘆息與翻身的夜裡，房子空如山洞。我擔心羅柏的英文功課會不會需要幫忙、史提夫有沒有看緊莉迪亞。兩歲半的她信心十足，卻缺乏判斷力。克麗奧對這點也不怎麼開心。她隨身帶著他們的襪子四處走動，然後睡在他們的床上。

我會在輪到史提夫照顧他們的那週找藉口去看他們，把莉迪亞從日間托嬰中心接回來，送羅柏去海洋童軍團。我試著善用空蕩蕩的那幾個鐘頭，重整浴室的櫥櫃、修改專題文章，可是我的想像力拒絕休息。它就像一把空中的巨型望遠鏡，盯緊他們的一舉一動——羅柏爬上校車之前有沒有留意來往車輛？莉迪亞是不是感染病毒了？我忖度他們是否感應得到我的存在。

山姆的相片從壁爐橫架上對我燦笑著，那是種大膽冒失的自得笑容。我想起開著福特雅士的那個女人。她對山姆的記憶會大相逕庭。我現在可以接受錯不在她了。我在想，如果面臨她的處境，我會怎麼做。搬到另一個國家，試著以全新的身分隱姓埋名。有個晚上我跟羅柏出門在外，我剛把他從海洋童軍團會議接回來，回程竟然輾過一隻貓咪。一切發生得如此之快。先是閃過白色毛皮，繼而在車輪嘎扎壓進骨頭時，發出撞擊與碾磨的沈重悶響。我當時絕不可能及時停車。那女人肯定也有同樣的感覺。我在震驚之中把車停下，因懊悔而作嘔欲吐。那隻動物被整個壓垮，死氣沈沈。我光是輾過貓咪就已經倍覺悲慘，那麼害死孩子一定悽慘無數倍。

有時我好像注定要以某種方式失去孩子。我向來不喜自怨自艾。灰頭土臉，教人厭倦。我開始找出跳脫的方法。其中一個就是接受邀約，跟悲慟的父母們碰面，以及訪問那些經歷喪親之痛的人。他們的創傷通常是最近的事，比我的更加赤裸鮮明。在少數情況下，我甚至能鼓舞對方——我似乎做了頗有價值的事，這種感覺取代了痛苦。過去五年讓我懂得何謂人類的憂傷。沒有兩種傷慟是一模一樣的，對於痛苦的了解，沒人比得上那些親身經歷過的人。

＊＊＊

心理醫師的桌上擺了一盒面紙。眼淚就是她的客戶。我不想給她那種哭哭啼啼的平凡客戶的印象，所以決意要讓眼部保持乾燥。

「你最需要的，」她雙腿交叉，視線穿越橙紅百葉窗凝望著，「就是重新開始，才能提振你的自尊。」

即使我沒在哭，身體仍渴望滲出水分。鼻水開始不受控制地流淌。我渴望地瞅著面紙，可是伸手去拿就等於承認失敗。唯一的另類做法，就是發出大聲又規律的吸鼻聲。

「你知道什麼會對你有很好的效果嗎？」她整個身子深深陷入椅中，頭上懸掛著淺粉紅與淺黃色組合而成的羅斯科①版畫。這幅畫理應是要透過柔和的色度變化來撫慰苦惱的

①譯註：Rothko (1903-70)，出生於俄國、活躍於美國的抽象表現主義畫家。

客戶，但除非是那些不知道畫家最終不敵憂鬱而自殺身亡的人。「就是一夜情。」

她的話語越過房間，像飛彈一樣在我耳裡炸開。老媽（由於她親身遭遇過但不值得在此深究的各種性事困境）從搖籃一路教養我把身體當作聖殿，這輩子最好只向一位沈悶但可靠的崇拜者開放。極少數身披朝聖者外袍的狼曾經潛入神聖的地盤，這點已經讓我挺有罪惡感了。運氣不佳、少得可悲的那幾位，是事先經過幾週嚴格但（結果是）完全不精確的篩選測驗，才獲准接近祭壇的。

「你是說找一個跟我完全沒有共同點，可是稍微能吸引我的男人，然後爲了上床而跟他上床？」

她點點頭。心理醫師顯然是瘋了。她想要我死於罪惡感。

「要開啓新的人生階段，那種方式滿健康的。」她說。

「那孩子呢？」我問。

「不用讓他們知道，」她說，「就安排在你前夫負責照顧他們的某個週末嘛。」

安排？大家會安排一夜情嗎？她要我編列一份可能的受害者清單。我見過的男人都是同事。男性記者的口風鬆到難以置信的地步。我不想被添進辦公室那份「人盡可夫」的女性清單上。幾個朋友的丈夫來過我家，體恤地主動伸出援手，令我感到不安，但我絕對不願背叛我的女性友人。我的清單一片空白。

「祝你好運了，」心理醫師說，我振筆在支票上顫著手簽名，「記得，要保持開放喔。」

＊＊＊

幾個星期以後，實踐她忠告的機會到了。時尚版撰稿人瑪莉替我安排約會，伴隨她的朋友去參加募款晚宴。瑪莉向我保證我會愛上奈吉。他剛與第二任妻子離婚，但不是常見的仳離原因：讓人作嘔或難以相處。我在我們的財經版讀過奈吉的動向。他等於是企業版的飲食失調巨人、有吞噬小型公司的強迫症患者。他對我來說是種陌生的類型，搞不好相當乏味，如果他開口閉口都是錢的話。可是我很習慣跟人訪談。我要自己放心，如果有必要，我也能從家裡的蜘蛛身上汲取有趣的一面。瑪莉說奈吉足以在每個對的格子上都打勾②。我不確定她是什麼意思。我好幾年沒約會了。時下的約會規則肯定有所改變。事實上，過去的日子裡只有一條規定——別讓對方一路進攻到底，除非他至少暗示過可能想娶你回家。我隱居於郊區的那些年，約會似乎演變成逛超市與養動物的不涉感情的結合。

約會那晚，我緊張得雙手顫抖。克麗奧向來喜歡監督我笨拙的上妝手法。她會在我拉開化妝品抽屜時，跳上浴室梳妝台——整間房子裡克麗奧最愛的地點之一。她對化妝的熱情一定可以回溯至她的埃及傳承。要是有人給她一點機會，她可會把貂毛刷偷走，溜到我床底下把它的毛一根根扯掉。克麗奧躍進抽屜裡，拍拍亮晶晶的眼影盤。今晚她似乎偏好紫色。我沒有其他的美容諮詢可以請教，接受她的建言似乎也很符合邏輯。我在眼皮上畫出兩道沈鬱的眼影，她喵喵以示鼓勵。可是，畫出來的效果比較像是跟拳王阿里短兵相接，而不是與情人對酌雞尾酒，可是我快來不及了。克麗奧悠閒地把玩我的口紅，是豔麗的深紅。我從她的掌間一把搶走。

「你覺得怎樣？」我問，抹上最後一圈口紅。

克麗奧靠坐在後腿上，併攏前掌的模樣幾乎像是芭蕾舞者。她側著頭，眨了眨眼。她

②譯註：想像把評比異性的身家條件列成清單，意思是「符合所有的理想條件」。

贊同了。我懷疑自己的雙腳能否支撐到晚上，讓這場會面足以稱得上一夜情——如果眞能成事的話。

克麗奧感應到我的緊張，於是扛起迎賓的角色。她朝奈吉疾步走去時，尾巴雅致地蜷起。他高大偉岸得非比尋常，蓄有沙色的鬍髭。臉部毛髮竟會是我一夜情場景的一部分，我對這點不抱信心，可是心理醫師的聲音在我腦裡迴盪：「要保持開放！」

「有貓啊！」奈吉的眉毛彈跳起來，好似股市圖表的線條，「其實我會過敏。」

「噢，」我把她往下放到地板上，「抱歉。」

克麗奧絲毫不受奈吉反應的影響，踮著腳尖，漂亮地拱起背。她將尾巴蜷成優雅的彎度，一路護送他到客廳去。克麗奧疾步走在我們前方，眞正擔起了完美女主人的角色。我注意到，奈吉的身形高大威嚴，西裝背後竟然毫無縐褶，挺嚇人的。

我引導他到沙發上最新的座墊上，問他想不想來杯飲料。

「如果有夏多內③就太好了。」他棲坐於沙發扶手上。這個可憐的男人想保護自己的阿曼尼名牌服飾，不想碰到麵包屑與可樂污漬，這點我不怪他。

冰箱裡存放各式飲料，從牛奶到甜酒一應俱全，就是沒有夏多內。最接近的東西就是紙盒裡蒸發到只剩一半的麗絲玲白酒。我壓下塑膠活塞，希望奈吉不會注意到差別。

他似乎躁動難安，反覆叉起又打開修長如剪刀的雙腿。克麗奧在離他雙腳幾吋的地方安頓下來，好似訊問燈般地牢牢盯緊他。

「貓咪啊，」我把上面沾有指印的酒杯遞給他時，他宣布，「牠們向來都喜歡我。」

他說話的時候，克麗奧慢慢往他挪近，目光更爲專注，接著抬高後腿，舔起自己最私密的部位。

「快走開，克麗奧！」我低吼。可是克麗奧痛恨別人只把她當動物般地說話。她翻身倒臥，對著奈吉扭著身子，搔首弄姿。

「她在向你示好喔，」我說，「她要你揉揉她的肚皮。」

「噢，我沒辦法，」他從口袋裡掏出一條羽狀花紋的綠手帕，輕抹鬍髭。「嗯，我會過敏。其實，那個，我想我快……」

---

③譯註：Chardonnay，白葡萄製成的香檳。

奈吉打完噴嚏以後，窗簾在餘震之下顫抖不已。克麗奧一受驚嚇，跳站起來，爪子刺入地毯，尾巴的毛膨脹起來。

「別擔心，我會把她關在後面。」我說。

我彎身要抱貓咪時，她卻迅速竄逃，急忙爬上書櫃。她很有信心我不會伸手抓她，而奈吉也不會，於是沿著書櫃頂層昂首闊步，用尾巴拍著一只珍貴的維多利亞風格花瓶。克麗奧自鳴得意得很。

「這回你甭想逃之夭夭！」我嘀咕，把一張餐桌椅拖向書櫃。我一站上椅子、朝她伸手時，她從架上跳往奈吉的大腿。他發出孩子氣的短促尖叫，我撲上去，兩手繞住克麗奧的肚腹。可是她不經一番奮戰，是不會屈服的。她把爪子扎進奈吉的大腿以取得支撐力。貓咪與男人同時發出嚎叫。

「真是對不起，」我把每根爪子一一剝開，而奈吉則強自鎮定地盯著天花板。

我把克麗奧關起來，回來時發現奈吉謹慎地朝著手帕打噴嚏。

「重點是，」他一面把手帕放回口袋，漫不經心地從沙發扶手上拂開真正與想像的貓毛，「其實我是愛狗一族。」

「我也是啊，」我試著改善氣氛，「至少技術上來說是。我們有隻漂亮的黃金獵犬，可是她去跟我母親住了。她現在滿老了，我是說那條狗。」

「狗的侵略性沒那麼強，」他補充道，「我小時候被貓攻擊過。」

「眞的嗎？」

「對，我騎腳踏車去送報，結果有隻野貓往我撲來。」

想到迷你版的傑出奈吉在小鎭街道上踩著踏板，被一隻有謀殺傾向的虎斑貓摺倒的景象，我試著憋住笑意。儘管如此，奈吉的恐懼症顯然源自佛洛伊德學說裡的潛意識深處。那不是我跟克麗奧能在一個晚上解決的怪癖。

「你會不會覺得那次經驗給你帶來動機與決心，使你日後飛黃騰達？」我有點懊悔自己用了流行心理學來挖苦他，可是奈吉似乎正嚴肅地仔細思量這個問題。

「你知道嗎，我從來沒用那個角度來想，不過你說得可能沒錯，」他重拾一些尊嚴，「要不是因爲那次被貓攻擊，我可能不會有今天的成就。」

他大聲地提醒自己，要跟那位目前正在撰寫他的自傳《奈吉通向傑出的九個階層》的代筆捉刀者說，要把貓咪攻擊事件添進去。這時我注意到房門悄悄滑開，一抹四足的陰影溜入視線。只要是沒鎖沒門的門，克麗奧都有辦法打開。

這個克服童年創傷、終獲勝利的故事，奈吉正說得起勁時，克麗奧好似突擊隊員一般，沿著壁腳板邊緣爬行。她匍匐在書櫃的陰影之中，聽著他敍述二十幾年前受到貓咪噩夢磨難的細節，奈吉沒看到她。她唇上帶著一抹柴郡貓④的咧嘴笑容，靜定有如石頭。

突然間，克麗奧從藏身之處衝射而出，一個動作躍上奈吉的大腿，他的酒杯拋向空中。奈吉從原始的核心發出吼叫。我驚懼不已，試著接住那只杯子，可是一切都慢了一拍。我的手掠過杯身，杯子則往地毯翻滾而去，酒像噴泉似地往我倆淋灑而下。

奈吉站起來，激動地揮手拍拂褲子。我從廚房抓來紙巾，輕抹他膝上的酒痕，較爲私密的區域則由他自己照顧。

「眞是對不起！」我喊道。

④譯註：Cheshire cat是《愛麗絲夢遊奇境》裡的角色，這隻貓擁有憑空出現或消失的能力；消失以後，笑容還可持續掛在半空一陣子。

「棒透了。」他咕噥著，往後陷入沙發之中，叉起雙腿。我還來不及阻止克麗奧，她就攀上他的肩膀，在他的頸上盤繞成結。

「她好像挺喜歡你的呢，」我說，「抱歉——你會過敏。來。我來抱她。」

「沒關係，說真的，」奈吉急促慌亂地說著，一面解開克麗奧的纏抱，不自在地把她擱在膝蓋上，「我覺得滿舒服的。她可能是在我身上聞到瑞克斯的味道吧。瑞克斯是我的杜賓犬。運動神經很好，個性直來直往。」

「嗯，」我暗自納悶我們到底會不會進展到算得上對話的東西，「狗很……直來直往。」

「就那方面說來，狗跟男人比較像。」奈吉說，「但是貓就比較像女人，你不覺得嗎？你可以寫成書喔。」

這時，奈吉的臉驟然變成澳洲席哈葡萄酒的顏色。克麗奧往地板躍下，消失在廊道上。奈吉往天花板翻翻白眼。在令人心驚的那一刻，他的過敏反應看起來好像是會鎖喉的那種。

「你還好嗎？」我問。

他高舉雙手，嘴角嫌惡地往下垂。「你的貓，」他低語，「剛剛。尿在。我。身上。」

奈吉堅持要回家換西裝。他離開以後，我在克麗奧最愛的藏身之處（床底下與衣櫥裡）

搜尋，準備好好懲罰她，可是她卻成功地憑空消失。這個晚上的浪漫機會就這樣告吹了，這點讓克麗奧稱心如意，於是隱身融入牆壁中。

後來我在屋頂上瞥見克麗奧的剪影。她的兩眼好似燈塔光束般往下探照著我。即使相隔這樣的距離，我仍看得見她眸子裡的滿意微光。

＊＊＊

先不說別的，這次浪漫不成的一夜情經歷，在老媽來電時，恰巧是個可以共享的精彩故事。她聽起來有些分神。她跟芮塔出門小遊的狀況越來越艱辛。她們在週末時下坡走到海灘，回程時芮塔卻爬不上坡。老媽說她不得不抱芮塔上坡。芮塔的體積可不小。我想不通老媽怎麼有辦法抬起她。獸醫診斷出肺氣腫。

週一早晨上班時，妮珂問我能否幫個小忙。她的室友再過幾週就要結婚了。這對新人來自美國，朋友不夠多，撐不起婚禮的熱鬧場面。

「拜託一起來嘛！」她懇求道，「你不用待太久。只要能讓那個房間看來比較滿就行了。」

她有信心我的出席會讓空蕩蕩的房間為之溢滿，這種說法實在算不上恭維。可是我倆都心知肚明，我週五晚上或許會趁著孩子們在父親家，把樂高玩具掃回盒子裡，除此之外無事可忙。

「拜託啦？」

那對新人安排黃昏時分在博物館前的階梯上成婚。陽光好似承諾恐慌者似的懸浮於地平線上，我鎖好車子，登上通往博物館的山丘。我抬頭一望，看到新娘與她那邊的人馬。新娘好似芭比娃娃；新郎則是一副肯尼的模樣。可是攫獲我目光的是伴郎。他俊俏得讓人瞠目結舌。不只是一般刮鬍水廣告的那種俊俏法，而是有如希臘神祇般的光芒四射，令人屏息。不然就是同志。

當然是同志了，我想，一面欣賞他披在古銅色寬額上、梳理整齊的頭髮，以及剪裁雅致的西裝強調出來的寬闊肩膀。或者已婚。如果不是，那肯定有女友。

要說那是一見鍾情就太誇張了，說「一見就慾火焚身」還正確一點。夕陽在他的飛行眼鏡上一閃，我看到他燦亮的藍眼。另一種感受撲襲上來，這種感受的肉慾成分較少，甚至更為強烈——是一種熟識的感覺。如果我們這輩子沒見過面，那肯定是在上輩子認識對方。雖然他是個陌生人，我卻覺得自己對他所知甚深。

婚宴在艾德蒙•希拉瑞爵士⑤家裡舉行。新郎的同事顯然跟這位知名的登山家有關係。爵士遠行至世界另一端進行某種英雄式的活動，慷慨出借他家舉行婚禮派對。這個家樸實低調，猶如男主人本身。牆壁透著柔和的黃，裝潢品味絕佳。每幅畫作、每條手織地氈，對擁有者來說，似乎都含有意義重大的故事。

等到那位同志／已婚／有女友的伴郎走過來，自我介紹是拼法只有一個L的菲立普⑥，我馬上就對他失去興致。他俊美到不真實的地步。我明白了他擁有健美體格的原因（從軍八年磨練出來的），並得知他剛踏進金融業，我們顯然不會有未來。最後致命的一擊是，他坦承了自己的年紀。二十六歲。簡直是個嬰兒的他足足小我八歲。尚未結婚、不會離異、膝下無子，他似乎打從全然不同的（仍然可能是同志）世界裡跳出來。我簡直可當他的老

---

⑤譯註：Sir Edmund Hillary (1919–2008)，紐西蘭登山家、探險家與慈善家。被《時代》雜誌遴選為二十世紀最有影響力的人之一。

⑥譯註：他名字的拼法是Philip，而非常見的Phillip。

媽了。儘管如此，他看來還是個不錯的青年，沒有眾多男性身上背負的、令人毛骨悚然的複雜度。我沒忘記心理醫師的忠告。如果我盡情暢飲、完全保密，而他又瘋狂（或迫切）到足以考慮一夜情的話，他絕對是可能的對象。

我跟他說我晚上不常出門，共進中餐倒是可以。我快筆將辦公室電話草草寫在紙巾上。我的主動好像嚇到他了。也不是說他有理由這麼反應。我很樂意扮演聽人告解的修女，替這可憐男孩的愛情生活提供諮詢。或者只當朋友也行。我是**保持開放**的喔。

隔天早晨，我在上班時仔細端詳電話。無人來電，只除了一位老大不高興的讀者，還有那位老從電話亭來電的沈重呼吸者。隔天或隔週都沒接到別有意義的來電。到了第三週，我早把「只有一個L的菲立普」拋諸腦後。那就是爲什麼他**真的**終於來電時，他得先提醒我他是哪號人物，還有我們又是怎麼在婚禮上認識的。

「噢天啊，是那個陸軍—金融小子。」掛掉電話後，我嘆了口氣。

「也許他要人家指點迷津，幫他找最近的一所幼稚園。」妮珂說。

「他邀我去看戲。」我說。

「去**遊戲場**？」

「不是，是眞的一齣戲啦。在劇場吃晚餐，或是晚餐兼看戲什麼的。」

「我得警告你……」妮珂說，用筆指著我，「除了年齡差距以外……」

「你不用警告我。他只是想找人聊聊啦。」

「對你來說，他太保守了。」

我遇過好幾個重要的人生十字路口，最終都導致深奧至難以想像的後果，而每回都有警告標誌在我眼前揮動。一次在小學，對人頤指氣使的美術老師指示全班，要是有人膽敢把手指伸進濕答答的陶土裡，就會陷入遠遠超乎這個敬畏上帝之世界所能想像的苦境裡。另一次在新聞學院，講師以斬釘截鐵的話語說，我未來想當專欄作家門兒都沒有。我聽著妮珂說話，一種熟悉帶刺的感受微微刺痛了我的脊椎底端。它的訊息與之前兩次相同：**你是這樣認為嗎？哼，我們等著瞧。**

那天下班後，我匆匆穿越城裡以脫衣舞俱樂部與慈善二手商店聞名的區域，買了完美的服裝，要讓那位保守的年輕銀行業者爲之驚豔——黑色緞面中國風褲裝，綴有絢麗的刺繡緣飾。美到不行。

21 親吻

沒有什麼比得上小貓之吻的潮濕魔力。

貓咪會親吻。克麗奧老是這麼做。先用腦袋輕柔推擠，揚起下巴，瞇合雙眼，接著是雙唇瞬間即逝的結合。人貓之間想必交換了賀爾蒙。貓咪要的或許只是一回具有安撫作用的搓摩，除此之外別無所求。貓咪的親吻本身就是完整的。

「只有一個L的菲立普」遲到了。遲到的時間久得沾不上故作時髦的邊。他顯然忘記是他主動邀我去看某場蹩腳戲的，不然就是忘了我大費周章把活動時間排在孩子去史提夫家的週末。我就是**那麼**容易被遺忘。情緒的熱疹在我中國風外套背後上上下下地刺痛著。我的皮膚黏在不透氣的布料上，證明它連高檔自然纖維的遠房表親都搆不上。羞辱加劇成爲怨怒。反正我也不想見他。我們有什麼可談的？想想我還特別費心去買了新套裝呢。

如果「只有一個L的菲立普」現在有膽出現，我會讓他瞧瞧，海倫也可以用兩個「L」拼出來①。週一上班時，妮珂與瑪莉可有得說了。他不值得的。他配不上你的。真是混蛋一個。

我坐在床上，將漂亮雅致的涼鞋甩開。這雙涼鞋與這套中國服飾是天作之合。陰暗的思緒紛紛擠進腦袋。也許他沒出現有其正當理由，像是對著櫥窗打量自己的倒影，結果迎面撞上路燈。

事實上，我沒理由喜歡他到介意的程度。我每天單是圍著孩子與工作打轉就已心滿意足了。他們是我的宇宙中心。沒有哪個孩子喉嚨痛，學校那邊也沒出事，或者沒收到精神錯亂讀者以蛛腳般細長字體寫來的讓人不安的信——要是我們家能在這種情況下活過一週，就堪稱是奇蹟一樁了。即使我個人僅存的世界有百分之九十都由黑洞組成，那也無所謂。心理醫師瘋了，竟然建議一夜情那種荒唐事。老天，那女人真的有毛病。我才該替她

---

①譯註：作者原名Helen的名字拼法只有一個L，她的意思是想給對方一點顏色瞧瞧。

做心理治療。

克麗奧跳上床來，發出她那種短促尖利的嗓音，往我的大腿上依偎。我在這裡、我在這裡唷。她呼嚕叫著。平靜的感覺恍如嬰兒洗髮精一樣湧漫過我。受傷與暴怒縮小到近似停在浴室排水孔的泡沫。我踢開另一隻涼鞋，綻放微笑（部分是因爲如釋重負——反正這鞋也把我磨出了水泡）。唯一受損的是我的自尊。在埋頭工作了整整一星期之後，晚上回家跟克麗奧窩在爐火前沒什麼不好。事實上，這可是一大享受。

我抱著克麗奧穿越走廊。當我蹲踞在爐火前，把引火物排成不大穩固的圓錐形時，她充滿期待地看著。這時前門傳來急迫的捶擊，讓我倆嚇了一跳。

「我在附近繞了老半天，」我一開門，菲立普劈頭就說，「我敲了亞伯尼路三十三號的門。那個女人一頭霧水，其實我也一樣。我花了半天才弄清楚你是在亞德莫路……」

原來。他不只太過年輕保守——也不會有變成下一位世界大魔頭的危險。我有點不高興卻注意到他的目光在我的中式套裝上下遊移，臉上的表情就像是看到什麼恐怖的玩意兒。

「你不喜歡嗎？」我脫口而出，「如果你想要，我可以換成……比較傳統的東西。」

菲立普沒有提出異議。我感到難以言說的深深羞辱。我把克麗奧塞進他的臂彎，匆匆趕回臥房，換上棕色裙子與米色上衣。他寧可重演越戰場景，也不願和做了亞洲狂想裝扮的我聯袂出現於公共場合，或許我應該慶幸他的誠實。

我們走出門時，他說：「這貓不錯唷。」

我們看戲遲到了。我坐在暗影裡，看著《熱鐵皮屋上的貓》②業餘到駭人的演出版本，暗自羅列出這個選擇的荒謬之處，即使就一夜情來說也是：他幾乎才高中畢業不久；即使他想嘗試，也不會有比這更糟的職業選擇（陸軍跟金融業耶!?）；他看戲的品味很差；且他無法欣賞我的時尚品味。

仔細一想，我對他的打扮也沒什麼好感。他的鞋子亮得你拔眉毛時可以拿來照。條紋襯衫、燈芯絨長褲，配上精心挑選的皮帶。直接出自某種守舊落伍男人的服裝目錄。

可是他穿戴那些行頭的確好看。跟男記者（他們一律渾身臭氣，揉合了酒類、香菸跟

---

②譯註：*Cat On a Hot Tin Roof*，美國劇作家田納西・威廉斯(1911-83)的劇作之一，於一九五五年首演。

我寧可不知道的物質）相較之下，他聞來有如高山森林般的清新。他聽了我的笑話放聲朗笑時（也許有點太大聲），眼睛會像藍色瓦斯火焰一樣忽地燃起。我說的其中一個笑話是關於那些開歐洲車的傲慢傢伙。我們匆匆忙忙趕到戲院，我沒注意到他開什麼車。等散場後他打開那輛奧迪老車的車門時，眼裡諷刺的閃光簡直教人激賞。

他顯然是個很討人喜歡的年輕人，或許有一堆愛情生活的苦惱等著傾倒給一雙善解人意的耳朵。對他伸出友誼之手是無傷大雅的。我邀請他進家裡喝杯咖啡。

「我是想喝一杯，」他說，「可是這麼晚的時候，我通常不喝有咖啡因的東西。你有花草茶嗎？」

「對不起，我只有紅茶耶。」

孩子不在，家裡靜得非比尋常。即使他們在睡，我也會感覺到毯子挪移的聲音以及載滿夢境的嘆息。我將鞋子踢掉，鏗鏗噹噹翻遍櫥櫃，搜尋可以配對的一雙茶杯。

「有趣的貓，」我聽到另一個房間傳來的聲音，「幾乎跟人一樣呢。」

我端著托盤，兩只茶包巧妙地藏在茶壺裡，缺角的那只杯子朝著我，客廳的小場景讓我為之驚奇。呼嚕不停的克麗奧繞過菲立普的腿，先是躍上他的膝蓋，繼而攀上他的襯衫，利落有致地舔著他的下巴。克麗奧不曾這麼熱情地對陌生人表示好感。

「抱歉，我來把她抱開。」我說。

「不用，她很好啊，」菲立普輕柔地撫過她背脊的隆起，「你是隻乖貓咪吧？跟我說說孩子們的事。」

我身子一僵。他誤闖了**禁區**。我當然沒把我有孩子的事實當成祕密。他們就跟我的手腳一樣，密不可分。即使我想要，也隱藏不了他們的存在。這房子的一切都尖聲高喊著：「有小孩！」客廳的樂高多得淹沒腳踝。莉迪亞野獸派風格的美術創作用膠帶貼在廚房櫥櫃上。羅柏的書包像醉漢一樣癱在他房外地板上。

孩子是我生活的核心，如此珍貴，為了他們，我願意把心撕扯出來。但菲立普無權過問他們的事。他們跟正迅速失去一夜情機會的可能對象一點關係都沒有。

「跟我談談你的生活吧，」我問道，「結過婚嗎？」

他一臉茫然，彷彿我問他有沒有穿過女人的網襪。

「沒有。」

「孩子呢？」

他搖搖頭，露出困惑的笑容。

「所以你和女朋友相處有問題？」

克麗奧舔完他的下巴，現在轉戰他的耳朵。

「沒有，我沒女朋友。來點音樂如何？」

音樂？他想邊聽音樂邊接受盤問？他沒等我回答，就逕自徹底翻查我的唱片收藏，放上我最新購買也是近來最愛的一片，艾拉・費茲傑羅與路易・阿姆斯壯合唱的〈我們不能當朋友嗎？〉。

菲立普顯然有什麼問題。要不然他爲什麼會在這裡？我非得卯盡我所有的新聞技巧，替他化解苦惱不可，這樣他就能快快打包回家，讓我們各自都能補點眠。

「你想跳舞嗎？」他問。

「什麼!?在這裡？」

「有何不可呢？」

現在情勢越發可笑了。不過，如果我跟他跳跳舞，或許他就會心滿意足地乖乖回家去。

我站起來，慌亂地把潮濕的手放進他涼爽乾燥的手裡，不大自在地在樂高上踉蹌。早知客廳會轉成舞廳，我就會先把孩子的玩具收拾好。

艾拉流暢似水的唱腔將整個房間籠罩在浪漫情趣的濛霧裡。我注意到他有絕佳的節奏感（在閱兵場上行軍多年可能與這點有關），他的身體不經意地拂過我的身子，感覺好似罩在某種金屬裝裡頭。最後我才意會到他的身體弧度太過美好，不可能是金屬質地，而是以某種我完全不熟悉的材質所構成的——精瘦的肌肉。

「所以孩子們多大呢？」他問。

噢不。他幹嘛老要提孩子？

「快三歲跟十二歲。」

艱難又耐心十足地，他硬是問出了他們的名字、他們週末喜歡做什麼、他們怎麼因應父母的離異。我轉換話題，有一會兒我倆在沈默中共舞。他的體格的確卓越非凡——可是他要不是有點笨手笨腳，不然就是故意湊了過來。心理醫師的話語仍在我的耳畔嗡嗡作響。當他垂下神祇般的腦袋，將唇貼在我的嘴上時，我並未畏縮躲閃。

玩具、杯子與碟子在杏桃色牆壁的襯托下全化爲七彩萬花筒，而這房間就在其中旋繞不已。我細細品嘗那個吻時，克麗奧贊許地旁觀著。柔軟、潮濕又甘美。很完美，超乎完美。太過完美了！

我不再隨著音樂搖擺，而是直起背脊。不，該死！事情不該這麼發展的。這個晚上的重點是，一切都該由我來主導。這個男人—男孩無權跟克麗奧閒話家常，然後邀我共舞。至於打探孩子的事……

他也凝住不動。至少他敏感得足以注意到我的情緒轉變。

「我們到臥房去吧？」他柔聲說。

有好幾分鐘，也許六個月或一千兩百年，我都無法鼓起勇氣回應。這位無人撼動得了的女人（沒有別的字眼足以形容），竟然受到震撼了。

「我不是不喜歡你……」我說著，往後退了幾步。

他全身緊繃，像紙娃娃似的。

「事實上，如果我不喜歡你的話，我可能會跟你上床。至少我的心理醫師說我該那麼做……」

他露出驚恐至極的模樣，如同看到中國風褲裝的反應。

「重點是，我太喜歡你而沒辦法跟你上床……」

他目瞪口呆地站著。我漸漸意識到，可能不曾有女人婉拒與這位渾身曬得古銅的阿朵尼斯③交換體液的機會。

「時間……實在很晚了……我不知道你怎樣，可是我一到週末就累癱了。」

「我可以找時間打電話給你嗎？」他冷冰冰地問，一面拉上夾克。我護送他到門口，克麗奧跟在我們身後。

「不。我是說，可以的。當然可以。嗯。晚安。」

我輕手但堅決地關上門。克麗奧對著我甩彈尾巴，然後昂首闊步穿廊而去。

---

③譯註：Adonis是希臘神話中的美少年，後來延伸用於指涉「俊美至極的青年」。

22 臨危

面臨險境時，貓咪會凝住不動；不僅是爲了自身安危，也爲了那些仰賴她的小貓。

「他逼你換衣服!?」妮珂試著控制自己笑聲的音量，只讓半個新聞編輯室的人聽見。

「他沒逼我啦。」我咯咯笑說。不過，女人談及自己與男性的親密邂逅情事時，態度竟如此輕率，讓我懊惱不已。特別是在有人鬧笑話的時候。不過這次出糗的正是我自己。

要是我足夠明智，便會在她問起約會狀況時回以「不錯」，然後不再深談。不過那樣她就會懷疑有什麼認眞的情感瓜葛，這一來就與事實天差地別了。「他只是一臉難堪，所以我主動說要換裝。」

「真的假的？要我的話，才不想那麼麻煩呢。」

教人氣結的是，妮珂永遠也不必麻煩。即使她穿著阿嬤的睡袍，頭纏髮捲走在街上，方圓五百公尺內的男人還是會個個轉頭看她。

「而且那齣戲糟糕透頂！有那麼多蹩腳演員……幾乎都可以拿來烤豬肉了①。說實在的，他根本不懂……」

「可能是要給你好印象吧。你有沒有……他有沒有試著……採取進一步的攻勢？」

「當然沒有，」我突然感覺臉上發燙，好像在做蒸汽浴似的。那個犯規的吻不算什麼，最好從對話與記憶中刪除。「我想他只是寂寞罷了。反正我也不會再跟他碰面了。太年輕又無趣。」

「早跟你說過了。」妮珂的手指在鍵盤上飛馳，「十一點以前得把這篇報導交上去。我一個字都還沒動呢。」

「反正，那傢伙還會想跟帶著兩個小鬼的單親媽媽幹嘛呢？」我嘀咕，試著解讀記事本上的速記。這是我上星期採訪某位光環漸褪的國際級作家時寫下來的，可現在這些草寫

---

①譯註：原文 ham actor，是指技巧拙劣、誇張造作的演員；ham 原意「火腿」，故作者使用了雙關語。

疾書的東西就像古阿拉伯文。「他一定有哪裡不大正常。」

「誰？」妮珂集中注意力尋找一位深居簡出電視導演的住家電話，她得審問對方。

「那個小男孩啊。」

「噢，**玩具男孩**啊。忘了他吧。」

對。那就是他沒錯。**玩具男孩**，一個剛剛發明的完美詞彙，恍如漱口水一般帶有淨化洗滌的意味。貼上這個標籤，就可以把他封入保鮮膜，關進不見天日的盒子裡，當作人生較爲遺憾的實驗之一。

堤娜往我桌上擺了一張專題企畫的清單。她在最底下潦草寫著：「萬聖節專題。想辦法把這東西弄得有趣點。我們去年報導南瓜。爛透了！」

工作。要是沒了工作，我該何去何從？沒有更棒的痲醉劑了。

「海倫，你的電話，」有個較愛打探的政治記者麥克從房間另一端喊道，「某個語氣傲慢的傢伙。不曉得爲什麼會撥到我的分機。我轉給你。」

女性新聞工作者接電話可是有竅門的。她的語調一定要精神抖擻又可親，免得來電者手上握有可能榮登《新聞週刊》封面的獨家祕辛，但發生這種好事的機率大概跟恐龍出現在大街上一般。語氣裡一定也要帶點不沾鍋的味道，免得對方是個瘋子或是在電話中不吭聲的騷擾者。

「昨晚眞謝謝你。」那個聲音愼重又正式。

「噢！」我傻傻地回答。

妮珂的手指停在鍵盤上空。她偏著頭低聲問道，「誰啊？」她嗅到故事的本能永遠精準得很。

話筒抵著下巴，我用手指比出一個「L」。

「我玩得很愉快。」他繼續說。

噢天啊。他在說謊。他就是去捐血都會比我們的約會更愉快吧。

「我也是。」

妮珂翻翻白眼，對我緩緩搖頭。

「抱歉那齣戲實在不怎麼樣。」他說。

「沒關係，老實說……」

妮珂拿起一支原子筆，模仿手術刀一樣劃過頸子。

「我在想，你下個週末想不想一起去吃晚餐？」他問。

震驚傳遍我的全身，接著好似一雙鉛鞋般重重安頓在我的腳上。

「下個週末輪到我照顧孩子。」我冷靜又明智地回答。妮珂頷首表示贊許，重拾替鍵盤刺青的工作。就這樣了。到此爲止。沒得享樂嘍，玩具男孩。

「再下個週末呢？」他問。

「噢！」我的鉛鞋好似融化般地燙熱，「嗯，沒有。我想我沒什麼計畫。」

妮珂聳立在我面前，鼻孔噴出的熱氣依稀可見。

「好。那週六晚上七點半如何？」

「聽起來不錯。」

「到時候見嘍。」

「該死！」我咕噥，咔嗟掛上話筒。

「你幹嘛不拒絕？」我倍感挫折的生活教練妮珂問道。

「我不知道。想不出藉口。」

「你難道不知道『不』才是『對』嗎？如果你對不喜歡的事說『不』，以後就不必經歷各種讓人洩氣的情況。你真的想跟一個逼你換衣服的人約會？」

「我能怎樣嘛？」

「約會前幾天打電話給他，說你阿姨過世，得回老家參加喪禮。」

「好主意。我會打的。」

結果我沒打。原因有好幾個。說謊的感覺向來都不好。說我阿姨過世，可能會誘引命運伸出魔手——我可是很喜歡萊拉阿姨的。克麗奧對菲立普頗有好感而且……其實沒有第四個原因啦，只除了對那個超凡之吻的記憶。

想想第一次所謂的約會時，就發生那麼多彆扭又尷尬的事，他竟然傻得還要更多。他一定瘋了，要不就是很特別。不然就是瘋得很特別，要不就是反過來。

我常跟孩子說，只要成功機會大於中樂透的任何事情，都值得放手一搏。可是，玩具男孩在完美裝扮的表面之後，會有更多內涵的可能性幾乎是零。但另一方面，我被他誤導了好幾次，或許我低估他了。

儘管妮珂肯定這件事不會有未來，那頓飯卻成了往後多次晚餐的先聲。而我面臨進退兩難的窘境。我越來越喜歡菲立普的陪伴。如果我們的關係再進一步，即使以最寬鬆的條件來定義，都不能再歸類成一夜情。畢竟，一夜情的重點在於：不牽涉感情、或許差強人意，因此不值得再重複經歷。現在與他共枕而眠，等同於違抗心理醫師的指示。

除此之外，還有其他更讓人不自在的事情得考慮。生過三次的女人若非神智錯亂，否則對於暴露身體都是百般不願的，尤其在曾經躲過健身房嚴酷訓練的情況下。「一週之內衣服尺碼少一號」的減肥餐，最後一律皆以「一週之後增大兩號」收場。生過孩子以後，女體會以種種隆起與褶層整頓自己，對雷諾瓦與魯本斯②這樣的藝術家來說，可以仁慈地形容爲「有趣」。生了三個孩子之後，她的身體多少就像以海綿橡膠雕成抽象式雕塑。一位肉體最大瑕疵是微歪鼻子（因爲打橄欖球而受傷）的年輕男子，該要告誡他遠離這樣的危險：別去揭露難以駕馭、占地廣闊的女性肉身。可是，宛如尋找尼羅河水源的李文斯敦③，他拒絕放棄。

---

②譯註：Renoir (1841–1919)，法國印象派重要畫家；Rubens (1577–1640)，巴洛克藝術的代表人物之一。

③譯註：Livingstone (1813–73)，被譽為「非洲之父」的蘇格蘭探險家，是打開外界進入非洲內陸的先鋒。

我逐漸明白為何會有人發明特大號床單。它們就是西方女人版本的穆斯林女性黑罩袍。經過細心的策畫，特大號床單可以用來遮掩整個身體與腦袋，只露出一道可以往外瞥看的細縫。「老天，」她透過細縫瞥見那膚色完美到不可思議的男性胴體，試著以漫不經心的語調說，「這些床單都有自己的主張，不受控制了。」另一種仁慈的發明就是燈光開關。由於她自小就苦於某種稱為「眼睛對人工燈光極度敏感」的症狀，所以非得關燈不可。我的身體不再是座聖殿，而是一座為盲人開放的花園。

有一回黑暗邂逅以外的時間，他邀請我到他家在陶波湖湖畔的度假小屋。這段關係聽起來即將超越幾夜情，轉為某種複雜的東西，還挺嚇人的。

「可是我要……」

「就找個你不必照顧孩子的週末吧。」

他終於接受，孩子是個神聖的地盤，屬於另一種生活的一部分，是禁絕他入內的。

「可是……這樣沒人照顧貓耶。」

「如果克麗奧不會暈車的話，可以跟我們一起來啊。」

我跟他說，克麗奧喜歡搭車兜風。所以幾個星期之後，某個下班後的週五晚上，克麗奧熱切地跳進那輛老奧迪。她蹲踞在我膝上，望著鄉間景致往後飛馳。當我們駛向湖泊，山丘先轉爲金色，繼而暗紅，然後才浸潤於深藍紫之中。

我們天黑以後才抵達小屋。陶波之夜好似黑絲絨般層層裹住我們，讓我們伸手不見五指，卻強化了其他感官。空氣裡瀰漫著濃濃的松樹氣味。微風帶著遠處積雪的刺冷。我聽得見湖波親暱地輕拍岸邊。木屋的輪廓樸實適度。即使目前無法一覽無遺，這地方也肯定擁有靈魂。我恍如進行神祕探險的孩子，緊隨菲立普手電筒的一絲光線踅至紗門。

「等等喔，」他說，「鑰匙藏在一個特別的地方。」

他隱入房子側面，不久帶著鑰匙出現。「來了，」他把鑰匙滑入鎖孔，「該死！」

「怎麼了？」

「還好，」他說，「我只是把鑰匙弄斷了。」

「噢，那樣算還好嗎？」

「卡在鎖孔裡了。」

「我們不能把窗子打破嗎？」

「那會觸動警鈴。」

「之後我們再處理吧。」

「我不記得密碼了。」

我們似乎一起站在黑暗裡好幾分鐘。克麗奧夾在我的腋下。我們的戀愛時期——如果這真是戀愛的話——似乎注定會時時節外生枝。

「我們得去住汽車旅館，」他嘆了口氣，「我早上會打電話給鎖匠。」

＊＊＊

汽車旅館外面的標誌寫著「禁止寵物」。克麗奧躲在我的手提袋裡，被偷偷運過大廳，連喵一聲都沒有。翌晨，我們與態度揶揄、滿面笑容的鎖匠在小屋會合。

這棟老房子依傍於湖泊邊緣，在菲立普的家族已經傳了三代。落地窗開向一片草地，草地朝著浮石滿布的湖畔延伸，這幅場景比我昨晚所想像的還要壯觀。湖水閃耀著藍彩，好似斯里蘭卡的藍寶石。彷彿臨時添上一筆似的，遠處升起一座鼠尾草綠的小島。

克麗奧喜孜孜地在漂流木爐火之前伸著懶腰，我與菲立普沿著河道小徑散步去。我們在河道變寬、水濺岩石的河彎處歇腳。蕨類植物垂在河畔，欣賞自己的倒影。一群搖蚊充滿期待地懸浮於空中。如果菲立普想了解我這個人，他遲早都得知道山姆的事。這個訊息有可能會毀掉我們剛剛萌芽的羅曼史。跟年紀較大的女性交往是一回事；加上幾個現成的孩子，整個場景就變得複雜許多。要是菲立普願意涉入更深，就必須試著了解痛失孩子可能產生的情緒狀態。即使我們共度下半輩子、生下屬於兩人的孩子，我心裡永遠有一部分是他碰觸不到的——就是深愛山姆、爲他傷慟的那部分。

「有點事我得告訴你，」我把目光放在遠處一朵好似粉撲的白雲上，「羅柏跟莉迪亞曾經有個哥哥……」

雲朵的邊緣開始散去，彷彿準備融入天際。一陣微風自山間襲來。我在都市型的防水夾克裡打著哆嗦。要是我以前有過更多戶外活動的經驗，我就會事先想到在深冬時節帶著手套來這種地方。

「我曉得山姆的事。」他平靜地回答。

「怎麼知道的？」我詫異地問。

「我讀過你在意外發生那段時間寫的文章。」

「真的嗎？一個陸軍男生讀那種東西做什麼？」

「你的故事非常動人，」他似乎一直凝視著同一朵雲，「跟我說說山姆的事吧。」他執起我的手將之搓暖。

「你確定你想知道？」

他吻吻我的手指，用自己的手包握住，然後小心保護地塞進他防水抗寒的輕夾克口袋裡。「百分百確定。」

我們在河道剩下的路程上跋涉，我的手就窩在他的口袋裡，他一面聽著山姆的故事，有滑稽的，也有哀傷的。我跟他說，失去孩子就像手臂或腿被剁了去，或許還更糟。我也跟他說，我不確定這個經驗對我的影響會有多深遠，事實上它至今仍對我有所影響。不管我多努力遵循邏輯、多麼勇敢地面對山姆不再存在的事實，我還是常常往桌上多擺一份餐具，而且往後可能會繼續這樣下去。全世界一定有母親正式從傷慟中「復原」後，卻仍做著跟我相同的事。

要是他當時說出陳腔濫調，像是「我無法想像那種情況」，或是幾個比較新的說法，像是「你一定很堅強」，我也會原諒他的。但他只是凝神傾聽。對於這一點，我心懷感激。

我們返回小屋時，克麗奧在火光中等候。

「而這隻貓咪，就屬於那一切，」菲立普說，一邊把她撈進自己的臂彎裡，「她是你跟山姆的連結，對吧？」

克麗奧高聲呼嚕，懶洋洋地伸出一掌，輕拍他的頸子。她打著呵欠，往他的胸膛上依偎。她或我都不願身處他方。

同日稍晚，我們搭著小艇去釣魚，夕陽將背景的連綿山巒抹上棉花糖似的粉紅色彩。一條肥美的彩虹鱒魚為我們三位提供了晚餐。我們暢飲紅酒，笑聲連連。從「理想條件勾選」的角度來看，我倆沒什麼共通之處。可是我們都有某種菲立普打從一開始就看出來的東西。我們兩人都是很有個性、不願或無法歸屬於某個特定圈子的人。就我的例子來說，連圈外人都不肯接納我。菲立普並未轉身閃避山姆的故事或傷慟在我身上留下的傷疤，令人難以置信。他直覺感到克麗奧也與這件事密不可分。

不管怎樣，我開始明白自己陷入愛河了。

23 尊重

貓咪要求平等的對待。如果以高高在上的態度對待貓族，後果自行負責。

在新聞編輯室裡進行祕密情事，就像是在巧克力工廠工作卻試圖保持苗條身材。

「線上有個叫達斯汀的傢伙找你。」妮珂沈著又帶點興味地說。

我們為了讓自己對年齡差距覺得自在一些，我回想史上知名的戀情韻事——埃及豔后克麗奧佩特拉與安東尼、洋子與披頭四的約翰・藍儂，當然還有電影《畢業生》裡的羅賓遜太太與達斯汀・霍夫曼①。

---

①譯註：Dustin Hoffman在這部一九六七年上映的電影裡，飾演一名甫從大學畢業的青年，與年齡大他一倍的羅賓遜太太陷入一段複雜的戀情。

菲立普打電話來辦公室時，就用達斯汀這個代號。我在他公司留言時，就說是羅賓遜太太的來電。

「誰是達斯汀？」妮珂追問。

「遠房表哥。」

「噢，欸，你已經放掉那個玩具男孩，繼續往前走啦，我想這樣不錯。」

我與菲立普共處的時光越來越美好。我總是滿心期待，好似孩子在耶誕節前數算日子一般。兩個月的祕密會面之後，我忖度這樣畫分清楚的生活還能過多久。如果孩子在的時候他留下來過夜，我會在黎明之前喚醒他，確定他在兩雙易受影響的眼睛顫眨睜開之前，悄悄從前門安全離開。我百般不願讓孩子面對這位短暫留宿的男人。可是週末兩人獨處的時候，克麗奧趴在他膝上，我看著他一副自在的模樣，感覺他好像一直是我的一部分。一直——在任何人的用語裡，這都是個冒險的字眼。

「所以我什麼時候才能見到小鬼們？」他問，「你跟我說了那麼多他們的事，我好像都認識他們了。」

「很快。」克麗奧從他膝上抬起頭，眨了眨眼。

「再二十年？」

「不要在家裡。我不希望他們以爲你侵犯了他們的領域。」

「好吧。那我們到中立地帶聚聚嘛。城裡有家新開的披薩店。」

他顯然把整件事徹底想過了。在披薩店隨性地碰個面，我怎麼可能反對？雖然我與菲立普陷入熱戀，可是不時有證據顯示，浪漫愛情好比游泳池：人們掉落其中，然後渾身濕透、披頭散髮地爬出來，雖說全身通常完整無缺，但總會有所損傷，向來如此。

我對孩子們的愛截然不同，像一頭凶猛又無法捉摸的野獸。我願意爲他們奮戰至死。況且，菲立普絕無可能領會我身上負載著對山姆的傷慟。我並不期待他分擔我的哀傷，可是如果他想成爲我們生活的一部分，他就必須承認它的存在。

他大可轉身逃離。但若他闖入孩子們的生活，而後拋棄他們、使之心碎，我會狠狠扯裂他的四肢，最好一次一肢，好好地折磨他。

* * *

羅柏套上大了幾號、正面飾有USA紋章的運動衫，是他最愛的一件。我扣上莉迪亞的紅鞋，舔濕面紙，抹去她臉頰上不知名的黏液。

「試著乖一點喔，」我指導他們，「他不習慣小孩子。」

「哪種人會不習慣小孩子啊？」羅柏說，「反正我早就不是小鬼頭了。」

披薩店就在商店街的地下室。沿著設有鑄鐵扶欄的假大理石階梯拾級而下，孩子們似乎相當驚豔，然後總算安靜下來了。這地方開幕不久，所以還沒染上陳舊的油臭味。塑膠常春藤攀著柱子。紅白方格的桌巾加上閃閃發亮的收銀台，醒目至極。這裡就像某個電影場景，我們則是一群前來爲家庭組角色試鏡、但無望錄取的演員。

服務生護送我們到樓梯底下一張隱祕的餐桌時，我鬆了口氣。同事可能會來這樣的場所。等到週一早上，這件事會像水痘一樣傳遍辦公室——「**布朗嘗試與玩具男孩一起家庭出遊！難道她瘋了不成？**」

我們點了披薩與可樂。羅柏不再是活蹦亂跳的小鬼頭，而是身形拉長、渾身雄性激素的十三歲男孩。他悶悶不樂又沈默寡言，決心對某個不習慣孩子的人不表任何興趣。我事先警告過菲立普，這是個難纏的年紀。而堅持在頸上繞三圈珠鍊的莉迪亞，一口吸乾杯中飲料，直到幾乎空空如也。吸哩呼嚕的噪音從塑膠牆壁嵌板上彈回來時，菲立普似乎有些忐忑。

「不要那樣啦。」我對孩子低聲責備。

「爲什麼不要？很好玩耶。」

「不禮貌啊。」

「這很有禮貌啊。」她從杯子拉出吸管，結果把剩下的可樂翻倒，灑在自己的蘇格蘭花格裙上。

「才不！」我用餐巾紙輕拂她的裙子。我往菲立普瞥了一眼，他把菜單當法律文件般地細心研讀著。現在他肯定了解我爲何一直不想讓這種現實的碰撞發生。

「你沒有媽媽嗎？」莉迪亞問，一面踢著桌腳，讓餐具跳個不停。

「有啊，我有。」菲立普放下菜單，迎向孩子第一次的主動接觸。

「那你幹嘛不回家跟她在一起？」

一片靜默。我等著菲立普把椅子往後推開一走了之。

「她今天晚上在忙。」

「叫她不要亂忙啦。我們有自己的媽媽，你有你自己的。你不需要我們的媽媽。」

〈夜裡的陌生人〉②從附近的擴音器點滴流瀉出來。對於未經訓練的耳朵來說，這個錄音像是樂手刮磨著錫罐製成的樂器、躲在貨運櫃裡錄成的。這背景輕音樂恰好可以用來塡滿沈默的空白。

菲立普將注意力轉向印有遊戲的紙餐墊。他問羅柏想不想玩蛇梯棋③。（別玩蛇梯棋啦！我想跟菲立普說。那種東西羅柏幾年前就不玩了。他覺得那是給小娃娃玩的遊戲！）可是菲立普跟不上孩童發展的步調，這不是他的錯。我屏住呼吸，等著排斥加輕蔑的態度，

②譯註：美國影歌雙棲長青樹法蘭克・辛納屈（1915-98）在一九六六年唱紅的歌曲。

③譯註：snakes and ladders，一種經典的兒童棋盤遊戲，可由兩人或更多人一起玩。

無可避免地越過桌面投射過來。

「我寧可玩這個。」羅柏指著一團排成長方形的點點。我沒見過這種遊戲，可是看來是種嚴酷的競爭。每個玩家輪番用一筆畫連起兩點，逐漸累積起完整的長方形領土。誰得到最多的完整長方形，就能贏得遊戲。這是餐墊上的戰爭。

遊戲一開始頗爲隨性，我得以恣意啃嚼一塊三角夏威夷披薩，同時專心往莉迪亞嘴裡塞滿東西，免得有對話青蛙從裡頭亂蹦出來。

爲了保持輕鬆的氣氛，我朗讀了菜單裡提及披薩歷史的那段文字，從它卑微的出身開始，當時希臘人率先想到替扁平的麵包加點裝飾。

「眞正的轉捩點發生在十九世紀初期，有位名叫拉菲爾・艾斯柏席托的拿坡里人，決定要製作一種能從眾人之中脫穎而出的麵包。一開始他只是加上起司……」

我一面念著這些東西，當然也一面悄悄監控我生命中兩位男性之間的戰役。羅柏在右邊角落奪得一堆長方形，菲立普則塡滿了另一側的長條地帶。這場比賽目前勢均力敵。

「到後來，他開始在起司下面加上醬料。他讓麵糰膨脹成派餅的形狀……」

羅柏的領土蔓延過廣場。菲立普那邊似乎進展得有氣無力。我的嘴唇想要綻放微笑，但仍努力保持抿成一線的模樣。菲立普放水讓羅柏贏，展現了出乎意料的成熟度。也許他到頭來是當繼父的料。穿著燈芯絨褲子與羅紋針織衫的他，的確有那個架式。

「艾斯柏席托做的披薩大受歡迎，有人要求他替義大利的國王皇后特製一張。他以義大利國旗的顏色做出一張披薩餅——紅醬汁、白起司、綠羅勒……」

兩區塊的長方形越湊越近。兩支鉛筆揮閃如劍。開始出現平手的態勢。我想，只要羅柏的尊嚴毫髮未損，那就沒關係。現在幾乎不剩空白的空間了。

「他以皇后的名字瑪格麗塔替披薩餅命名……」

氣氛繃緊到最高點。

「這個新瑪格麗塔披薩大受歡迎。」

我不敢看最後幾筆。聽到兩支鉛筆鏗鏘擱在桌面上時，我知道遊戲已經結束。

「你贏了。」羅柏帶著勇敢的笑容說。

「什麼？」我猛地轉向菲立普。

「剛剛真是場硬仗啊。」他聳了聳肩，眼中流露滿足的神色。

硬仗？難道他不明白，有孩子參與的時候（特別是**我的**小孩），無所謂硬仗這種東西嗎？我的孩子已經夠辛苦了，不需要某個穿著燈芯絨褲的渾蛋假冒繼父的身分、跑出來踐踏他們的自尊心。

早知道就不要讓菲立普接近他們。他跟個孩子似的，甚至比孩子還差勁。我最不需要的就是多一個孩子。這段關係注定會失敗。羅柏輸了遊戲後，肯定會陷入低潮好幾天。

我們在靜默中開車回家，在大門口簡短地互道再見。

「他要回家了，很好，」莉迪亞的話呼應著我的思緒，「他媽媽一定在想念他了。」

「你覺得怎樣？」餵完克麗奧、送莉迪亞就寢以後，我問羅柏。

「他滿酷的啊。」

「我想他給人的印象不會很溫暖吧。」

「不會啊，我喜歡他。」

「你喜歡他？可是他在那個蠢遊戲裡打敗你耶。」

「大人老是故意要放水讓我贏，我已經很厭煩了，」羅柏說，「他們以為我不會注意到。這傢伙把我當大人看，挺酷的。你應該跟他多見見面。」

24 磨合

貓咪有種惡名，那就是牠們對於地方的依戀比對飼主還要深刻。但是某些出身非凡的個體則證明了，這種論點其實大錯特錯。

老媽的聲音在電話上粗嘎刺耳。她先叫我別太難過，我準備要聽壞消息了。之前她不得不把芮塔帶回獸醫那裡。這隻老狗狀況不佳，已經沒辦法走了。那位獸醫人很棒，是個可愛的年輕女子，一直把芮塔當朋友。她跟老媽一起做出安樂死的決定時，臉都脹紅了。藥效發作的當兒，老媽撫搓著芮塔。芮塔搖著尾巴，逐漸失去意識。

芮塔的影像片段在我腦海裡輪番上演。山姆與芮塔往激浪猛衝、芮塔幫男孩們在沙堆挖洞，扒抓起的沙子直往享受日光浴者身上拋撒，令後者相當不悅。山姆丟浮木讓芮塔撿回。芮塔甩動毛皮，把海水甩得我們一身都是。芮塔沿著之字路人步奔馳。克麗奧蜷縮在芮塔的巨足之間。溫柔又忠誠的芮塔。

我轉告羅柏這個消息，他沒多說什麼。我們用雙臂環抱對方。他現在好高大。隨著老狗的逝去，我們與山姆的另一個連結跟著斷了。老媽也會感覺到的。我邀她來跟我們同住幾天，雖然在我們的「忙碌家庭」裡，她從來都待不久。

用「忙翻天」這個字眼更適合。孩子在家的幾個星期裡，我的生活就是萬花筒似地在接送上下學與監督功課之間旋動不止；從公司衝回家煮義大利麵；匆匆忙忙講床邊故事。等孩子就寢之後，我常得趕著寫隔日截稿的專題文章，累得我連看電視的力氣都沒了。

要不是有安・瑪莉鎮定自如地整理衣物、吸塵、做三明治、收拾玩具，以及（她說保母從來不做的）其他數不盡的雜事，生活不可能正常運轉。有時我下班回家，她會留下來喝杯咖啡。我們學會欣賞對方的堅韌、容忍彼此的差異。有時我回到家已經筋疲力盡，便倒臥在地板上的一灘陽光裡打盹——她說她的雇主沒有人做過這種事。她曾經表示她沒見過這麼疲憊的人。可是我總是想辦法擠出一絲精力，替莉迪亞縫製一對精靈翅膀、教羅柏捏壽司。沒有事情是完美的，可是事情不知為何終究會完成。我開始想像有個守護單親媽媽的女神，在你需要力量時，她就會賜予，並且在對的時機安排正確的人來到。如果有這種女神，我想她看來一定像貓。

史提夫在與我們相距五分鐘車程的一棟小屋裡，替自己打造出新生活。孩子提及他有女性朋友，讓我挺開心的。他有權擁有再次追尋幸福的機會。

雖然菲立普在披薩之夜贏得羅柏的贊許，我卻不大確定我與孩子是否符合菲立普的期望。他將我們視爲不可分割的一整組，肯定也開始意識到進入我們三人（加上貓咪）的生活可是茲事體大。有好幾天電話一片靜寂。接著，教我訝異的是，它竟然響了。他受過的懲罰顯然還不夠。他邀請我們大家，包括克麗奧，到湖邊共度週末。

我們就著天光前行，車上多帶兩位乘客，一位緘默不語，一位牢騷不斷，這段車程似乎漫長得多。道路扭曲彎折，好似垂死掙扎的眼鏡蛇。

「我肚子痛痛。」車子蜿蜒爬上山丘時，莉迪亞呻吟道。

「沒有的事，你不痛啦。」和那些比較勤勉認眞的母親們不一樣的是，我會把孩子關於身體健康的抱怨當成想像的結果，直到事實證明相反爲止。

「我要ㄉㄨˋ了。」

「深呼吸幾口。」我轉頭檢視後座的病人。她平日糖果般粉紅色的臉龐變成藍莓色。

「我想我們最好停車。」我對菲立普說。我對自己車裡陳腐嘔吐物加上各類體液組成的大雜燴早已免疫，可是我確定，菲立普在心理上一定還沒準備好，要讓他這台奧迪的氛圍被「家庭香水」永遠改變。

他在靠近山丘頂端的斜坡停車。我專注於我們下方綿延開展的壯觀巒脈山脊，莉迪亞則一面往溝渠裡狂吐。

＊＊＊

車子停靠在銀色樺樹下時，迷濛的霧氣籠罩小屋。我之前沒料到會下雨。菲立普說不打緊——湖上總是有事可做的。在濕氣當中，樹葉的氣味益發濃郁。克麗奧馬上認出這個地方，歡天喜地地跳出車外，埋頭往一叢蕨類裡鑽，那兒疑似是老鼠游擊隊的地盤。

孩子們沒那麼快對這裡產生好感。羅柏拿起自己的睡袋，拖著沈重腳步走入屋裡，任由紗門砰砰甩上。菲立普沒有一絲慌亂的模樣。他在軍隊肯定見識過各式各樣的男性行徑。換個角度看，他不久前才熬過自己的青少年時期，可能還記得當時的感覺。不管是哪個原因，對於我茫然不知該如何應付的恐怖少年行徑，菲立普似乎不受影響。

我幫莉迪亞從後座滑到濕潤的土地上。

「是森林耶。」她仰頭凝望樹木說。

我們提著幾袋東西進屋，混合了海草與燃燒浮木的熟悉氣味扭擰著我的鼻孔。我在貼滿家庭照片的告示板前方停步。笑意盈盈的健康面孔，在湖邊慶祝耶誕節。菲立普的家人個個長相俊美，膚色古銅，牙齒白得肯定會在黑暗裡發光。看來，他們的圈子裡沒有臃腫、邋遢、同志傾向、膚色黝黑或情緒障礙的人，而且全是奧運冠軍：滑水、網球、滑雪、釣魚——我少女時期即為人母，從沒時間或財力來學習這些活動，更別提還得有肌肉協調的能力。

相片裡也有年輕女性。養尊處優、身穿比基尼的漂亮女孩，可能正在就讀法律或牙醫。所以這些一定是「符合理想條件」的女孩，我想。就是家人期望菲立普跟他兩位兄弟選擇結婚對象的類型。有何不可？這些笑容可掬的年輕女子各個都是上乘的種畜。可是當我問起她們，菲立普卻不屑一顧地說她們相當乏味。

廁所有個小告示指示「衛生紙請用一小張就好」。我不確定自己跟孩子是否夠格當「小張衛生紙人」。

「游個泳如何？」菲立普向羅柏喊道。

「在下雨耶。」

「如果你想要，我可以把獨木舟拿出來。」這男人的特色就是不屈不撓。

「太冷了。」

「雙層床！有雙層床耶！」莉迪亞喊道。我走進有雙層床的房間，羅柏在上層臥鋪，窩在自己的睡袋裡休息。莉迪亞在下層臥鋪的床墊跳上跳下，圓胖的手臂在空中畫圈。

湖泊有如皺起的錫箔紙片一樣延展出去。凝結的水珠在窗戶內側急滑而下。菲立普蹲踞在壁爐前，將報紙捏皺成球。幾次起火又旋即滅去之後，引火物終於熊熊燃起，劈哩啪啦作響，讓整間屋子瞬間活了起來。克麗奧往柴堆裡的蜘蛛猛撲，喀茲喀茲啃咬牠的腿，帶著美食家若有所思的欣賞神情，然後才挪到她在火焰前方的老位置。她雙眼半闔地仰視我，打著呵欠彷彿在說：**事情就該這樣。別擔心。一切都會好好的。**

「我馬上回來。」菲立普說。

我把莉迪亞放到膝上，念她最愛的大象與壞寶寶的故事，我一面悄悄抹淨她的指頭。

即使這間小屋散發著鄉間的純樸，但顯然有幾十年不曾被學齡幼童染指過。我不願有人來指控我們在家具上留下黏答答的指印。

菲立普輕敲窗玻璃，喚我們到外頭去。雨勢減緩。我讓莉迪亞套上橡膠靴。她撈起克麗奧，頭下腳上地抱著她（打從莉迪亞學會走路以來，克麗奧就以滿不在乎的態度對待這樣的姿勢）。我們打開紗門，迎面而來的禮物比起塞滿鑽石的房間更加光彩奪目：菲立普在銀色樺樹較高的枝幹上纏繞繩子，然後用繩子穿過一個舊輪胎。

「哇！樹鞦韆耶！」莉迪亞喊道。

那天餘下的時間裡，她不停央人替她推鞦韆——肚皮朝下讓雙腿在後飛舞；坐在輪胎中間往前伸出雙腿；或是站在輪緣內側以兩手緊抓繩子。我從沒見過男人對非己身所出的孩子展現那麼多的耐性。不過，還是有點什麼讓我有所保留。即使這位讓人讚嘆的男人表裡如一、擁有比這湖泊更加深邃的靈魂，可是要一把攬起我們三人一貓，這樣的遠景對他而言鐵定負擔過重。

夜色籠罩小屋，雨勢趨緩，讓菲立普得以用窩在樹籬間的磚造烤架燒烤香腸。因爲我們無法在太濕的戶外用餐，所以我在屋裡的塑膠桌上擺好餐具。人夥兒在一盞愛打探的燈泡強光下共享一餐。

「你明天想騎騎腳踏車嗎？」菲立普問羅柏，「山丘裡有些很棒的小徑。」

「不想。」

「我們可以打打網球……」

羅柏端詳盤中的番茄醬。經驗豐富的父母經歷過無數次意志戰役的百般消磨，在這樣的十字路口就會停下來，轉而退開，選擇轉換話題。我希望菲立普爲了我們大家好，現在能夠這麼做。

「早上划獨木舟出去如何？我會替你準備救生衣。」

「你說得倒容易！」羅柏對菲立普發脾氣，「你又沒看過自己的兄弟在路上被撞死！」

那位少年猛地往後推開椅子，踏著重步，往雙層床房間去，把坐在桌邊的我們丟進一個驚愕的沈默泡泡裡。

「他有時就會這樣。」我低聲說道。可是這次不只是少年的情緒迸發。這棟湖邊小屋，加上擺滿滑雪器具、船隻以及獨木舟的車庫，大大凸顯了我們兩家的強烈對比。菲立普似乎在美女與帆船之間歡度無數夏季。相較起來，我的生活是種無止境的掙扎，籠罩在死亡與離婚的陰影裡。對於我與羅柏共有的傷慟，菲立普這種背景的人怎麼可能有一絲體會——而且更重要的是，他又何必去體會？

「我來跟他談談。」菲立普站起來要跟過去。

「不，不用，」我說，「他會熬過去的。」

事實上，我很怕羅柏那種青春期的情緒爆發，也苦無應對之道，只能束手，等它們漸漸平息——有時得耗上好幾天。

菲立普對我的指示充耳不聞，他迅速離開，沒入雙層床房間。透過牆壁，我聽見他對羅柏柔聲說話。雖說我無法確切聽見他說什麼，但語氣倒是不會弄錯。菲立普正面迎向羅柏的痛苦，接納兩人的差異，並平撫羅柏的心緒。

「他沒事了，」一段時間之後，菲立普現身，「他說他想睡一下。」

＊＊＊

我們在早晨醒來時，大雨正隆隆敲擊屋頂。莉迪亞穿著睡衣緩緩踱步，因爲在櫥櫃裡發現一盒舊積木而心花怒放。

「這裡有小朋友來過耶！」她驚呼道。

莉迪亞開始建造大象城堡，其中有象寶寶專用的鞦韆，克麗奧則忙著啃咬飛蛾的殘骸。

「羅柏人呢？」我問。

「不知。」莉迪亞說。

菲立普也不曉得。恐懼有如團塊般地壓著我的胃。如果羅柏在前晚就離開，那他現在可能置身處任何地方。他可能沿著公路搭便車，乘著載木卡車回到奧克蘭。或者自個兒進入山林。不管是哪種情況都帶有危險性，尤其是在這樣的風雨裡。看來非得聯絡他父親不可了，可能也得順帶報警。這眞是一場災難。爲什麼我老是拿到標有「災難」的盒子呢？

「你瞧。」菲立普一手搭在我的肩上，將我緩緩轉向落地窗。透過雨水潑濺的玻璃，我看得到洶湧如巨浪般的水波，滔滔沖擊著湖岸。紫色雲朵沈沈覆蓋小島。我看到遠處有個划著獨木舟的身影。

水波將人影左推右擠，似乎要將他徹底吞沒。但他再度現身，使勁將船槳搗入水中，替獨木舟轉向，好越過另一陣狂波。那位獨木舟者無畏無懼，一心一意堅持浮在水面上。

「你們這裡的人還眞瘋狂，」我說，「這種天氣有誰會出門啊？」

「羅柏啊，」菲立普說，帶著神祕難解的笑意，「我不得不說，他的表現教人驚豔。」

25 自由

人類急於對所愛的一切宣示所有權。可是貓咪不屬於任何人，或許只除了月亮。

我變成單親媽媽的同時，克麗奧也逐步增強她的狩獵技巧。也許她感應到我們只剩一位持家的人，而且也認爲我攢錢養家的表現不佳。從她的角度來看，我不僅是個全身禿得醜陋至極的可悲兩腿生物，也不會抓老鼠；即使世界和平完全仰仗在這件事上，我也做不來。克麗奧彌補了我的不足，從前門踏墊開始，穿越臥房，沿著走道到廚房，毛茸茸或身覆羽毛的屍骸一路源源不斷。我們的房子就像業餘動物標本製造師的工作室。爲了遏阻悲劇，我替克麗奧買了綴有假鑽釘飾與鈴鐺的桃紅項圈，以便警告可能的受害者，提醒牠們快回窩巢。

「貓是不戴項圈的。」老媽的語調暗示她剛剛發布了聖經的第十一誡。

我跟孩子總是很期待老媽來訪，但她總會提出批評。這次是貓咪的項圈。

「她殺害太多動物了，」我將繞住克麗奧的不情願頸子的搭扣拉緊，「況且，看起來很像奧黛莉・赫本，你不覺得嗎？」

「好醜唷，」老媽回答，「而且獵殺生物是貓咪的**天職**。」

克麗奧難得與老媽意見一致。貓咪使勁搖搖腦袋，讓自己跟耶誕飾品一樣叮噹作響。

「看吧？這傢伙不喜歡那個玩意兒！」

「她會習慣的。」我說。

我與克麗奧啓動一場嚴肅的意志之戰。她痛恨那條項圈，而她從來不曾用如此的專注度來憎恨任何東西（包括不喜歡貓的人在內）。她清醒的每個鐘頭全花在搔抓與齧咬項圈上。三顆假鑽掉落。華貴的粉紅飾帶逐漸褪色，降格爲細薄的頸箍。克麗奧眼睛半闔，以道盡一切的神情緊盯著我：**你好大的膽子，竟敢用這有辱貓格的東西醜化我！你憑什麼以為自己有權如此？你以為你擁有我嗎？**

「**那位**是你的新男友嗎？」老媽在廚房裡以刻意被聽見的音量低語，「我打開門的時候，還以爲他是警察哩。他的頭髮好短，外表那麼整齊乾淨，不算是你喜歡的類型吧？」

我從不喜歡她對著我的私事品頭論足。她的觀察技巧辛辣尖刻到足以當作刮鬍水的成分。菲立普在我們的生活中現身，提供她充裕的新題材。

「他剛從陸軍退伍是吧？哎唷，你以前嫁過水手。我想你下一個交往對象會是空軍嘍。」

職場生活也沒輕鬆多少。挑起的眉毛①多得足以搭起哥德式大教堂。關於玩具男孩的笑話，從新聞編輯室的一端迴盪到另一端。新聞記者向來以心胸開放自豪，可是我發現他們只有在某些方面才會敞開心胸。以前的電影裡（現在仍是）滿是醜得有如鬥牛犬一般的老男人，對著比他們小二十五歲的模特兒嘖嘖垂涎。而女人若是與一個西裝筆挺、年紀較輕的平頭傢伙約會，就被視爲下流行爲，似乎一點都不公平。我試著用俏皮話加以反擊，向他們確保這只是短暫的風流韻事。只不過這樁韻事爲時比預期多了一兩個月。

對菲立普來說也不見得比較好過。那群聰慧的年輕尤物無法相信他竟然陷在如此荒唐的關係裡。「符合所有理想條件的」女孩們持續發出午餐與派對邀約，讓他應接不暇。全城

①譯註：表示對作者的表現不以為然或有所懷疑。而哥德式建築的主要特色之一就是尖拱。

滿是素質極高、毫無皺紋的美女，各個對男人如飢似渴，尤其是菲立普。

與一夜情對象陷入愛戀，是我平生經歷過最令人愉悅的驚喜。認識他的過程好比探索洞窟，起初一片闇黑，表面看來似乎很淺。可是往前挖深一些，繞過幾個轉角，卻發現有個岩洞，裡頭盡是稀有的璀璨珍寶。他不只外型俊俏，個性與我極爲契合，也對孩子們很好，更在靈性上有著強烈的好奇心。對於我的怪夢與偶爾遠離塵世的通靈經驗，他似乎眞心有興趣，這點在我認識的男性裡他還是頭一位。我們注定要攜手相伴的，我想，一面在心裡用克麗奧粉紅項圈的隱形版本環繞住他（也許是迷彩圖樣，但肯定不能有鈴鐺）。

「不管人的外表用什麼包裝，」對於我倆這個不可能的結合有所質疑的人，我都對他們這麼說，「內在才是最重要的。」

我甚至愛上一開始讓我無法認眞看待他的那些層面。我倆之間的年齡差距滑稽又有趣（只除了他問「誰是雪莉・貝西②？」那次）。他看似保守的作風並未到僵化的地步，有時

---

②譯註：Shirley Bassey (1937-)，一九五〇年代成名的威爾斯歌手。

我喜歡開玩笑逗逗他。而針對軍中生活與銀行事務，仍有很多讓我感到新鮮好奇之處。我倆的關係近乎完美到讓人詫異。

菲立普的諸多層面裡，我所欣賞的其中之一，就是他總在口袋裡放一條熨燙完美的手帕。每當需要抹去女人的淚水（偶爾在非常特別的請求下，則須拭去她鼻孔較不光彩的湧出物），這條手帕總會被揮舞出袋。更讓人驚豔的是，每當我們沿著步道而行，他總是堅持走在外側。這種古老的騎士精神，當初是設計來保護女性不被迎面馳來的馬匹撞擊，或被馬車輪胎濺起的泥巴襲擊。我認識的男人裡唯一也這麼做的，就是我父親。菲立普第一次溫柔地挽起我的手臂，緩緩移至我背後，然後將我的手滑入他另一手的肘彎裡，好讓我靠近櫥窗，而讓他自己貼近排水溝，我便知道這是我願意共度下半輩子的男性。

不過話說回來……爲什麼總得要有「不過話說回來」呢？爲什麼悲傷的單飛女王不能就這樣遇上她的王子，陷入愛河，穿著精心挑選的高雅服裝漫步走過紅毯，從此過著幸福快樂的生活呢？因爲啊，人生並不是百老匯音樂劇。眞實的人有過往的經歷、苦惱、懼怕、擔憂、深層自我、目標抱負，更別提有固執己見的朋友與家人等著評斷是非好壞。

我們倆帶著孩子時，不再大費周章地避免在公共場所被人看見。至少，我認爲沒有。

所以，我們四人有個週六早上開車進城，準備採購T恤。我們將車子停在大街，匆匆忙忙踏出車外。我們沿著步道漫步時，菲立普再次完成了他泥巴防禦的優雅行動。孩子搶在前方飛奔入店。我覺得自己像是人生終於否極泰來的電影人物，觀眾吃完了爆米花，片尾的工作人員表正準備滾動。

「我喜歡這件。」莉迪亞拿起一件棉衫，上面飾有扮成精靈的泰迪熊。顏色不出意料。

「她目前處於三歲的粉紅時期，」我對菲立普說，「我不打算去抗拒。不然她哪天可能會坐在心理醫師的沙發裡，怪我當初否定她在成長發展上的關鍵元素。」

他沒笑。事實上他跟看見凶猛大狗的貓咪一樣凝住不動。

「莎拉！」他越過我的肩頭，笑顏逐開地叫喚。

我轉過身。有位金髮女郎正站在更衣室外，身穿迷你到可當牙線的比基尼，雙腿比小鹿斑比還要修長。我認出湖邊小屋公布欄的照片裡有她，就是聞名的「乏味」女生之一。符合每個理想條件。

「菲立普！」她粲然一笑，「你都到哪兒去啦？我們好久沒在網球場上見到你了。我很想你耶。」

我等著菲立普介紹我，可是他連忙藏身於透明壓克力般的泡泡裡，否認與我有任何牽連。我只是湊巧站在他身邊的購物者，而孩子們是隱形的。

「工作忙得不可開交，」菲立普往她挪去，「你也知道每年這時候是什麼樣子。」

「手術室也一樣，」她轉動眼珠子、甩甩濃密的金髮，「這陣子有一大堆整型案子。大家都想要完美的牙齒。你看起來很不錯呢！」

「你也是啊！」他的聲音從牆上反彈竄入我的耳裡，在我的腦袋中碰撞，沿著脊椎往下繞旋，讓胸膛裡的什麼爲之斷裂。

「你父母呢？他們好不好？」

他們的對話越來越溫情而親密，我站在原地，好似狄更斯筆下的孤兒，在雪地裡抖顫，透過窗戶瞥看圍繞閃爍爐火的快樂臉龐。

「我們走！」我平靜地對羅柏說。

「可是我想要這件粉紅的。」莉迪亞說。

「現在不行！」我硬把衣服塞回堆摺整齊的那疊。

我抓起莉迪亞的手，火速衝出店外，羅柏在後頭小跑步追上我。

我們在一片汪洋似的面孔中衝刺，羅柏問，「我們不是該等他嗎？」

「我想他連我們走了都不知道。」

我眞是個蠢蛋，百分百的白癡。我爲什麼不聽妮珂、老媽與警告過我的其他人的話？他們一直都沒說錯。我跟這個男孩—男人在彼此的世界裡根本沒有容身之處。要他融入我的記者世界，就跟突然要我變身成二十四歲芭比牙醫一樣。更別提有孩子了。要將我的孩子納入他的未來，只有古怪到不可思議的男人才辦得到。

我竟然讓孩子接觸如此膚淺與幼稚的人，眞是大錯特錯。而且沒錯，這人相當保守。保守乏味到該死的地步，他大可以開始抽菸斗、迎娶牙醫回家去。

「等等！」菲立普爲了追趕我們，跑得氣喘噓噓，他碰碰我的肩膀。「怎麼回事？」

我派羅柏進麥當勞替他自己買薯條，也幫莉迪亞買一份取名不當的「快樂兒童餐」。

「我們讓你丟臉，對吧？」我吼道。

「你什麼意思？」他還裝無辜。

「爲什麼不介紹我們？」

「我以爲你不會有興趣。」

「你是說**她**不會有興趣吧！」

「嘿，我……」一個好管閒事的購物者停步，盡可能有禮地把我們的爭論盡收耳底。

「我以為你說莎拉很乏味。」我痛恨自己語調中充滿懷恨意味的顫抖，讓人魅力盡失到可怕的地步，而且絕對不符理想條件。「你倒是一副毫不無聊的模樣。」

「她……只是朋友。」

「那你幹嘛裝作我們不在場？」

菲立普仰頭瞪著我們頭上的霓虹燈。它殘酷無情地閃著「訂婚戒指」的字眼。

「你以為對我來說很輕鬆嗎？」他情緒火爆，「我不是說我不喜歡小鬼們。我覺得他們很棒。只是……」

我等待著，千百位購物者在閃動的招牌下變換色彩。

「我不確定自己想當個速成父親。」

他開車載我們回家，然後揚長而去。我發現克麗奧的項圈消失無蹤。她終於把它啃斷，重獲自由。

26 巫婆與黑貓

有時去愛月亮反倒輕鬆得多。

對於一位高姿態的心碎婦女來說，也許除了變成巫婆以外，選擇實在不多。巫婆能抵擋詛咒。她們塑造自己的運勢，巫術充滿潛力。克麗奧具有幾乎同時出現在屋頂上方與壁爐前面的能力，是擔任巫婆貓咪的完美貓選，更別提有一身理想的毛色了。

有貓咪妝點的房間更有美感。她絲綢般的存在，將平凡無奇的桌椅、棄置的玩具、撤滿食物碎屑的盤子，晉升爲足以撫平靈魂的廟堂。她以自身的存在作爲給人類的福報。她宛如女神般端坐於窗櫺，觀察人類的無數弱點。這些可憐的生物神經質地企圖緊抓過往，也試圖控制未來，因而犯下罄竹難書的失誤。他們需要貓咪來提醒他們活在當下。

貓咪的耳朵會吸收書包碰撞地板的重響，或是母親在糖碗發現螞蟻時的咒罵。人類及其悲劇性的過度反應讓她饒富興味。人類無論做什麼，都擾亂不了她的鎮定自如，只除了人類幼蟲經歷這個恐怖階段的時候：想幫她穿上嬰兒裝、將她囚禁於娃娃推車中。

她的腳掌會吸納最細微的顫動。永遠處於警覺狀態的她，兩眼感知的東西遠超過人類。貓咪睡覺的時候，第三眼瞼會蓋過眼睛，那是一道半透明的屏障，所以沒有絲毫動靜能逃過她的銳眼。貓咪隨時在觀察，卻睿智到足以自我克制，不擅自發表意見。

黑貓代表好運或霉運，端賴你誕生於大西洋的哪一側。如果在英國，一隻黑貓越過眼前，你可期待好運的降臨。在北美洲，黑貓預示著危險。

黑貓有著閃閃發亮的皮毛與鏡子般的眼眸，曾經被視爲惡靈。對於一些孤陋寡聞的心靈來說，能與黑暗融合爲一這件事，讓黑貓成爲邪惡的化身——等於在無辜農民屋頂上潛行的惡魔。即使在黑貓被視爲幸運象徵的英國，這種迷信對貓族也沒好處。若黑貓越過眼前，只不過表示這個人逃過一劫。

再去看心理醫師沒什麼意義。她只會要我再度嘗試一夜情。我們都知道那種事的結局如何。不管怎樣，我從自己的錯誤中學習。我從約會世界退隱，努力學聰明一點。我成了我母親的恐怖複製品，發展出寂寞者症候群：把同一套故事反覆說給別人聽。他們的眼神變得呆滯時，我才停下來問道：「我以前跟你說過這個嗎？」客氣的人會說沒有。

當他們問起我的近況，我會說我從沒這麼快樂過。失去男人又如何？貓咪從來不會失去笑容。我竭盡一切讓自己成爲自給自足、不需男性的巫婆。妥協不再是我語彙的一部分。那套中國風褲裝享受定期的亮相。我把庸俗的陶鴨飾品釘在牆上，隨心所欲地喝酒放屁。有時當孩子在他們父親家過夜，我會把音響調高到鄰居注意得到的音量，脫了上衣，邊聽馬文・蓋①（絕不再是艾拉跟路易②！）邊跳舞。女性朋友們頗爲贊許。她們說我已增權賦能（empowered）。

「增權賦能」聽來精彩十足，可是老實說沒大家吹捧得那麼好。雖然巫婆看似掌握了

＊＊＊

自己的人生，但是卻多了個勤勉不懈的盯梢者：寂寞。孩子們就寢後，我會爲自己斟杯酒。克麗奧輕腳越過地板朝我走來，尾巴投下的陰影在牆上晃動著，恍如六呎長的詭異大蛇。我用手撫觸她的毛皮時，一陣電流會讓我的臂膀爲之戰慄。我把她撈起來帶到後屋平台。我倆同坐於星辰之下，舔舐各自的傷口，端詳月亮的粉刺。

「無人觸動得了巫婆的心。」我嘀咕著，一面把鼻子埋進克麗奧絲絨般的皮毛。

儘管如此，每回電話一響，我就彈跳起來。來電者從來就不是他。爲什麼應該是他呢？我們分手的時候，他老早把話講白了。他說他還沒「準備好」。如果大家都要等到萬事俱備才著手，那永遠也不會有事發生。人生不是一份菜單，你沒辦法在「準備好」的時候才點菜。我沒準備好失去山姆，也沒準備好向菲立普道別。他的話語極爲精準，但是眼眸溢滿悲傷與愛意。即使我試著接受他說的話，但我還是相信他的眼神。那他爲何拂袖而去？

---

①譯註：Marvin Gaye (1939–84)，備受尊崇的美國靈魂樂創作歌手。

②譯註：二十一章提過，作者與菲立普初次約會相擁而舞時聽的音樂。

我想念他平靜的存在、溫暖有如浮木爐火的嗓音、保守到荒謬的服裝、微歪的鼻粱、耳裡的一簇簇細毛。在他身上，我最想念的東西之一就是他的氣息。即使他鮮少使用刮鬍水，卻總是散發一股柏樹叢的芬芳。爲什麼少有十四行詩以愛人的氣味爲題呢？羅柏也惦記著他。菲立普原本是個他迫切需要的典範角色，後來卻證明跟服飾店裡的人體模型一般虛假無情。我眞是個蠢蛋。我發誓再也不讓任何男人那樣傷害羅柏了。

我忖度菲立普有何打算。他把我們當成他的義大利夾克那樣脫掉了嗎？他肯定被花癡牙醫與律師團團呑沒。如果我們兩邊的世界更加靠近，幾通愼重小心的電話就能解答我的疑問。可是我們沒有共同的朋友。說他遠航到冥王星去了也不爲過。幾週逐漸變爲幾個月。

如果我要當巫婆，克麗奧就需要有那個架式。我教她棲坐在我的肩上。我們最初幾次的嘗試，對我倆來說既悽慘又痛苦。可是克麗奧是個有心向學的學子，平衡感足以媲美太陽馬戲團。她很快學會用爪子攀住我的衣服，爪子深到足以站穩，卻不致刺傷我的皮膚。我一打開門，黑貓從我肩上怒目垂視，訪客臉上閃過的警覺神情，讓我津津有味。儘管科技發達、深知人情世故，人們還是有著原始生物的設定。他們仍然相信巫婆的存在。要是在不久之前的年代，鄰居老早就在黃昏時刻圍住我的白色尖柱籬笆，將我跟貓拖到最近的篝火去執行火刑。

「女人對男人的需求，就像蝴蝶對深海潛水設備的需求。」我對艾瑪說，她成爲定期訪客。我在一場新書發表會認識她，當時我倆都在廁所外頭晃蕩。艾瑪在一家女性主義書店工作。她協助我培育出一方香草花園，也將我介紹給她那圈女性友人，她們對男性生物抱有立場強烈的見解。聽著她們酒酣耳熱的討論，我點頭如搗蒜。男人是次等的生物，受到他們褲襠裡的隆起物所奴役，早該走上滅絕之路。

即使我無法想像自己跟艾瑪一樣，把頭髮剪短、染成銀色，我還是很欣賞她的鮮明風格。綠松石是她的專屬色彩。只有膝下無子的女人，才有時間（肯定有）在上百家商店與市場攤子上東挑西選，就爲了找出一大堆綠松石便宜貨——手鐲、圍巾，甚至是一副綠松石的墨鏡。她最愛的配件之一，就是中間鑲有綠松石、周邊綴有羽毛的墜飾，那是一位霍皮族印地安酋長致贈的禮物，酋長淨化了她的氣場，用鼠尾草的燻煙把邪惡幽靈驅出她的房子，然後認定代表她的圖騰動物是美洲獅。

艾瑪常從她的店裡帶書過來——《女人爲何流血》、《拋棄式男人》。她不受母性的疲累所束縛，對孩子們來說，是個名義上的阿姨。我嫉妒她過度的精力，可以跟莉迪亞在彈跳床上猛跳，或是跟羅柏四處踢球。我對艾瑪的陪伴滿懷感激。

我也很感謝新聞編輯室裡那種蠢動不安又隨性的氣氛。截稿時間加上工作伙伴世故的俏皮話，都幫忙堵住了碎裂之心的破口。沒有一個人（連妮珂也沒有）說「我不是老早告訴你了嗎」，這點教我感激不已。關於玩具男孩的笑話越來越少且漸趨止息。他們再次接納我回到圈圈裡。我因這點而深愛他們。

我對堤娜認識不深，不過她自己正展現了「增權賦能」的女巫跡象。才在不久之前，她要我進她的辦公室，提議我申請英國劍橋大學的新聞工作者研究獎助金。我會通過的機率比零還低，但我爲了練習申請東西，還是把表格填妥。這份表格要申請者自行指定有興趣研究的領域。我很有信心自己進不去，所以憑空發明了滑稽古怪的主題——「從靈性角度來看環境研究」。

孩子不在身邊的週末，恍如沙漠般荒涼無邊。艾瑪提供一片週六晚上的綠洲，邀我到她家享用義大利麵與沙拉，我相當開心。我爲了女性友人而感謝神，不管這位神祇是誰，我邊這麼想，邊把車子停在艾瑪坐擁城外山丘、可愛至極的房子。

「你還好嗎？」她開門迎接。

艾瑪是我能誠實以對的少數人之一。

「好。不好……不知道……就是累吧。」

她斟了一杯酒，是深情款款的澳洲紅酒。我們在戶外用餐，就在風鈴催眠似的脆響之中。

「你眞是個不可多得的朋友，」我刮淨碗裡自家烘焙的檸檬布丁，「一頓美麗的餐點就這樣憑空出現，簡直是魔法。我竟然削馬鈴薯皮都不用。」

「這是我的榮幸。」艾瑪露出門牙。印地安酋長說得沒錯。她有種美洲獅的特質，特別是在傍晚的光線中。

我站起來要幫忙清理桌面時，艾瑪執起我的手。「不，坐下吧，」她說，「今晚是屬於**你的**。我知道你工作有多賣力，獨力扶養孩子有多辛勞。今晚由我照顧你。」

她的話語讓我想要感激得癱倒潰決。至少有人了解。

「那是什麼聲音？」我問，「你有裝噴泉嗎？」

「我在替你放洗澡水。」艾瑪說。

洗澡水!?我身上的味道有那麼糟嗎？我離家之前還先淋浴過呢。

「你說過，泡澡最能讓你放鬆了。」她察覺我的戒備，於是補上一句。

「對，可是那是我一人在家的時候。」我咕噥。

「這會比你在家享受過的還要好，」艾瑪說，「我替你留了點特別的法國泡泡浴精喔。」

「你……真……好心，」我巴望她能把那瓶泡泡浴精交給我，然後放我回家。

「我還替你準備了浴袍呢，」她越來越像一頭美洲獅了，「就放在浴室喔。」

我突然渾身發熱又困惑。過去幾年，我認識了許多女性，就是像吉妮那樣強健精彩的人，她們是我願意交託生命的對象。我們共同歡笑與哭泣，一起悲嘆關於男人的事，分享關於自己身體功能的親密細節。這些女人幫助我面對傷慟與生產、揮別失敗的婚姻、笑談人生的屈辱。可至今她們還沒人邀請我泡澡過。而且還是泡泡澡呢。

「別擔心，」艾瑪安撫道，「這是屬於你的特別之夜。」

噢好吧。泡個澡有什麼不對呢？如果我拒絕，她可能會覺得我這人沒見過世面。我很喜歡艾瑪。她顯然試著要助我一臂之力。我不想傷害她的感情，或是露出不知好歹的樣子。

對於泡泡澡，法國人顯然知曉箇中奧妙。巨大的彩虹穹頂從水中升起。一排彩色蠟燭在窗櫺上熊熊燃燒，肯定有釀成火災的危險。一件浴袍貼心地摺好擱在梳妝台上。我直覺地舉起手要鎖浴室門。上頭竟然沒鎖。

我沈入泡泡裡，檢視牆上那張「女人無所不能」的海報。我曾經對艾瑪放送過不尋常的訊息嗎？我希望沒有。她知道我是異性戀。也許我太天眞，直接假設她也是。她的確沒特別提起過去的戀情韻事。我尊重艾瑪對隱私的需求。也許我早該更加好奇的。她曾經提過一個男人和許多女性友人。可是我假設「朋友」才是關鍵詞。也許我對詞彙的使用方式過於寬鬆。當我告訴她我愛女人，我不覺得有必要加上「可是不是以那種方式」。怪異的聲音從我盡量關牢的門下縫隙傳顫而來。

「是鯨唱！」艾瑪喊道，「帶有潛意識的訊息唷。」

「噢，」我若無其事地回應，「你的意思是？」

「他們錄下訊息，在鯨唱的掩蓋下你聽不太到，」她說，「是爲了改變你的思考方式。」

我突然不安起來，從水中伸長脖子，想聽聽隱藏在鯨魚鳴唱背後的訊息，不管是什麼。肯定有人在嘟囔著什麼。也許艾瑪想替我洗腦，誘使我加入某種教派。

「它在說什麼？」我試著隱藏焦慮。

「噢，就是放鬆、放手那類的訊息吧。」

如果任何鯨魚，或白或藍或抹香，想來我主持的合唱團試唱，我會把牠直接刷掉。這些生物根本缺乏音感。我再度沈入泡泡當中，將注意力集中在放鬆上面。

「水狗暖嗎？」艾瑪闖進浴室，湊過臉來，近到我聞得見她口氣裡的蒜味。

「狗的，」我盡可能在不溺死自己的狀況下，往泡泡深處藏身，「嗯，我想……」

「怎麼？」艾瑪的臉龐在浴缸邊緣升起，有如東升的旭日。

「我想出來了。」

「噢，這樣你會錯過按摩的！」艾瑪喊道，靈巧的壯碩手指直戳我的頸子。

按摩!?我不情不願地蹲伏在浴缸裡，以被逼著清洗毛皮的狗的堅忍態度，咬牙承受她的關愛。艾瑪的呼息燙熱，在我耳裡越來越響亮。她身上香水（刮鬍水？）的刺鼻男性氣味，讓我微微反胃。

我腦海裡浮現未來的景象：與一位體型壯碩的女人以及她的綠松石飾品收藏共享一棟覆滿玫瑰的小屋。我讀高中時，有兩位女老師就是那樣。她們爲了避免蜚短流長，各自開車到校上班，可是人人心知肚明。大家都說，她們早就安排好死後同葬一地。

技術上來說，我想那不失爲一個選項。跟艾瑪共同生活，可以避免一些男人加諸在女人身上的殘忍行為。雄性激素不再造成困擾，與金髮牙醫美女的競爭會小之又小，而且會有女性喜愛的充沛情感。依偎與擁抱，就跟你可以從貓咪身上得到的一樣。我喜歡艾瑪。只是有一個棘手的地方。我不愛她。不是**那種**方式。

艾瑪用雙手轉過我的臉，將潮濕的唇往我的嘴上貼。那一刻我馬上就知道了。我不是那樣的女孩。

＊＊＊

距離我最後一次見到菲立普，已過了六個月。我已經不再在意他了，至少我假裝如此。我竭盡全力在孩子和工作上，我在公司慢慢成了女性問題的次要權威。艾瑪替我跟當地一位女巫牽線，後者答應來辦公室接受關於女性靈性的訪談。看來女巫跟其他人一樣，也需要宣傳。除了脖子周圍懸垂著幾顆水晶，彎扭的趾頭從勃肯涼鞋突出來，其中好幾根都纏著OK繃，她的模樣就跟我在超市裡彼此推車互撞的婦女一樣。我陪著她進入訪談室。我們交換微笑。我靜靜忖度，她是否認得出我身上的女巫潛能。她問我是否養了寵物時，讓我吃了一驚。當我提起克麗奧，她彎身向前，水晶鏗噹碰響。

「對巫婆來說，黑貓是個完美的伴隨精靈，」她說，「靈體常會在黑貓的身上顯現，然後伴著巫婆，在通靈的層面予以協助。」

「你是說克麗奧會幫忙我，讓我夢想成眞？」我問。

女巫笑了笑，就是普通老嫗的笑聲，而不是嘎嘎尖笑。

「以過於簡單化的層面來看，我猜你可以這麼說。」她說。

我們被敲門聲打斷。是提娜，她用新聞從業者的眼光快速掃過女巫。從那麼一瞥，我就知道她在吸收材料，準備寫出上千字。

「抱歉打攪了，」她說，「樓下有人找你。他說他叫達斯汀。」

27 暫別

只要有機會出現，貓咪都會好好把握。

克麗奧坐立不安，彷彿有一道電流正竄過她的皮毛。她抽動細鬚，在地毯上踱步，來來回回，走到餐桌底下又走出來。有輛車子沿著街道嗡嗡駛來，她凝住不動，壓平耳朵。等車子走了，她恢復鎮定，繼續巡邏地毯。隔壁鄰居的兒子對玩伴高呼。她聳起背部，將爪子扎入地毯裡。

她反覆回到我臥房窗戶下的書桌，那裡眺望街道的視野最好。街道對她彷彿有一股引力，一再吸引她巡視前院與對街的房舍。一聞鳥鳴，她便躍上書桌，鑽過窗簾往外望。接著她失望地重重跳回地板。遠處垃圾箱響起鏗噹碰撞聲，她回到書桌，掃視鄰里，然後再次跳下來繼續不安地踏步。

接著響起她在等候的聲音——前方柵門的喀噠聲。她跳上書桌，穿過窗簾，凝神盯著接近房子的人影。她鬆開尾巴，因欣喜而顫動，跳到地上，衝過走道往前門奔去，一面發出開懷的短促尖利的喵嗚。

我開門迎接菲立普進來，克麗奧撲向他，往他大腿上伸展前掌。

「她在等你耶。」我說。他將她攬入懷裡。克麗奧攀上他的羅紋針織衫，舔舔他的頸子，依偎在他的下巴下。打從埃及豔后跟馬克・安東尼復合以來，不曾有過如此愛意滿盈的團圓。

孩子表示歡迎的態度較爲謹愼。莉迪亞從木頭拼圖上抬起頭，臉上的表情暗示，菲立普得要表現某種程度的卑躬屈膝，她才會再度認眞看待他。羅柏從臥房門口現身，客氣地點點頭。

幾週逐漸延展爲幾個月，溫暖與信任逐漸回返。我們之前有過的牽繫變得更爲強大。即使我試著將內心的一部分封鎖起來，免得再次粉碎，可是我確實深愛（我們大家都深愛）菲立普。

某個週日傍晚，他把大夥兒（包括克麗奧）全塞進他的車子。

「我們要去哪裡？」我向來厭惡祕密與驚喜。

「等著瞧吧。」

克麗奧棲坐於羅柏的膝蓋上，莉迪亞就在他們旁邊，後座的氣氛和善得教人詫異。

「你要帶我們去看馬戲團嗎？」莉迪亞問。她近來的抱負，就是要成爲她所謂的「倒栽蔥小姐」，身穿飾有亮片和羽毛的粉紅緊身衣褲，從馬戲團的棚頂倒掛下來。

「這次不是喔。」菲立普回答。他很快學會了爲人父母的語彙，那就是吝惜慎用「不」這個字，這點讓我折服。

「我們爲什麼要去博物館？」我們轉進通向博物館的植物園時，羅柏問道。

「等會兒就知道嘍。」

菲立普在我們初識那晚我用的停車位上停妥。他要我們在車裡稍候，然後獨自拾階而上、隱去身影。

「我們要去看恐龍嗎？」莉迪亞問。

「沒辦法，」羅柏回答，「太晚了，博物館關門了。」

「沒錯，」我接腔，「太陽都要下山了。」

獎章般的金色燦陽在棉花糖似的雲朵之間沈落。長長的影子從博物館前側的廊柱迤邐而下。這是個完美的夜晚，幾乎是我倆初識那天的精確複製。很容易就能想像駐足在階梯上的新娘團隊，以及看到英俊的陸軍男孩時，我心中湧現的似曾相識的強烈感覺。我仍然不確定自己的生理反應是因爲靈魂伴侶相撞的宇宙大爆炸——或只是純粹的情慾。

菲立普再次現身，召喚我們陪他登上階梯。我們手忙腳亂地爬下車。通常羅柏會把克麗奧留在車上，可是他似乎感應到即將發生大事，所以抱著她上階梯，我則牽著莉迪亞的手。

讓我詫異的是，菲立普就站在我初次見到他的地方，整個人置身在稍微偏向博物館大門右側的一道晚陽裡。

「我要你看個東西，」他站到一旁並探出手來。他似乎指向一扇水泥窗框，窗框凹陷得很深、籠罩於暗影裡，很難注意到它有何殊異之處。我心裡納悶，菲立普是否沒我想像的那樣直來直往。

「看仔細點。」他微笑道。

讓我驚異的是，有個海軍藍小盒子就藏在窗戶的最深處。盒裡有枚鑽戒。接著，菲立普在羅柏、莉迪亞與克麗奧面前，將戒指套在我的手指上。

「你怎麼弄對尺碼的？」我沒想到自己如此缺乏浪漫情懷，卻眞心感到驚豔。

「我從你的珠寶盒偷了一枚戒指。希望你沒注意到。你注意到了嗎？」

我搖搖頭。我無法回答，因爲我忙著嚥下喜悅的淚水。

我們都同意，在目前的情況下，長一點的訂婚期比較適合所有人。我們沒有訂下日期，可是認爲一年左右的時間可讓這個家庭完全融合。我三十六歲，如果（但願不會）菲立普覺得需要有個來自他生理藍圖的孩子，時間還綽綽有餘。雖然要跟那些暴躁乖戾的新聞界朋友說，我正要開始一段長得足以讓珍・奧斯汀滿意的訂婚期，還挺難爲情的，不過那似乎是最好的方式。這不是正常的婚姻。這是一個男人、三個人與一隻貓的結合。每一方都需要覺得自在。

我才剛開始習慣戴婚戒這個想法，一只狀似重要文件的信封跟著其他郵件來到。

＊＊＊

「劍橋一定瘋了！」我把信遞給菲立普，「他們竟然接受我了。」

他呵呵大笑，用強健得荒謬的手臂攬抱我，說他原本就知道他們會接受我。就很多方面來說，這個時機很完美。瑞士洛桑管理學院剛剛接受菲立普去就讀商業管理碩士（有時我好奇，他是不是打算把自己淹沒在頭銜的大海裡）。一旦我完成劍橋的獎助研究，那年餘下的時間，可以帶孩子到洛桑跟他會合……

劍橋、瑞士。這行不通吧。整整三個月，我得把羅柏跟莉迪亞留在紐西蘭——還要離開克麗奧足足一年！那不可能。我會回信給大學，謝謝他們的慷慨並加以婉拒。

可是菲立普慫恿我別拒絕他們。這種機會千載難逢。史提夫與老媽跟他所見略同。老媽主動提議，要在我出門的第一個月照顧孩子，後兩個月則由史提夫接手。克麗奧定定地盯著我看。她是想激我，看我膽敢離開或留下嗎？

劍橋的事忙完以後，莉迪亞會到瑞士與我們會合，順便學法文（有人說易如反掌）。羅柏說他寧可待在紐西蘭的高中，假期再來探訪我們。這個計畫瘋狂又不切實際，其中隱含的災難，比戰時的地雷區還多。但我們決定就這麼做。

克麗奧幫忙面談有意在我們出遠門時租下房子的人。最初來到門前階梯的是傑夫，是個外表整潔、身穿藍白格襯衫的會計師。他看似迷人，可是克麗奧對他低聲怒嘶，還躲到椅子底下。一個小時後，芳療師維吉尼亞在一片綴有絲巾和廣藿香油的迷濛氛圍中翩然來到。克麗奧從書架頂端的優勢位置逼視她。克麗奧堅持處於比某人更高的位置時，從來就不是個好徵兆。貓砂盆裡將會畫出領域界線，相互挑釁必然發生。一場意志之戰可以預期。我事先在電話上跟她解釋過，貓咪是這份租屋協議的一部分，事實上還可能是比較重要的一部分。

維吉尼亞咄咄逼人地回瞪克麗奧。「我會開始學芳療，原因之一就是貓咪會讓我打噴嚏。我發現如果每週用薰衣草精油替貓咪泡澡，我的噴嚏問題幾乎就會消失……」我任由維吉尼亞一面喝薄荷茶，一面滔滔說著，最後我謝謝她對房子表示興趣。

我個人對奧黛莉很有好感。她是個身穿絢麗服飾的女人，正在尋找開啓新生活的場景，她的丈夫跟性別不明的按摩治療師私奔。當我讚美她一圈圈披掛於胸前的那條宏偉項鍊時，她高興得面色微紅。那條項鍊是圍住犯罪現場的警用拉帶以及馬廄裡的套繩的綜合體。那是義大利設計家之作，她說，由一位身價與日俱增的獨臂藝術家所創作。

她說，我們的房子很完美，因爲有很多空間可以讓她涉獵週末的嗜好。比方說，用聚苯乙烯雕刻巨型生殖器，假設我們不介意她把羅柏的臥房轉成工作室的話。幸運的是，羅柏不在家，無法表示意見。奧黛莉站在羅柏的臥房門口，在心裡將他的飛機模型收藏抹去，代之以激情的巨大石柱。有個影子在她的腳踝之間閃過。奧黛莉的反射動作夠快，足以逮住克麗奧，將她貼在自己的胸脯上。

「噢，小咪咪！」她以宏亮的聲音說，「房子裡要是沒有你這樣毛茸茸的朋友，就算不上是家了。」

對於這樣一個建立關係的時段，克麗奧的熱忱不如奧黛莉。事實上，她對奧黛莉項鍊的興趣遠大於奧黛莉本人。她舉起一掌，探詢式地拍拍一顆銀球。

「我想也許你應該把她放下來。」我緊張地建議道。

「胡說！小咪咪知道我很愛貓，對吧？」

我想把克麗奧跟項鍊分開時，她用牙齒咬住一顆圓球、喀嚓咬下去。就像雪崩時的第一塊圓石，那顆圓球翻滾落地。珠子、寶石與緞帶以勢不可擋的一連串慢動作，緊接在那顆圓球後面灑洩而下。奧黛莉驚聲尖叫。連那位獨臂大師都無法修復這一堆躺在她腳邊、富有節慶氣息的殘礫。

我提議由我負責將這些珠子重新串起，或者至少找個有辦法的人來弄。我抓來一只舊超市購物袋，把這份藝術作品的殘骸掃進去。她離開前沒將我（或克麗奧）勒斃，已經很慷慨大量了。

我開始氣急敗壞起來。難道沒有適合克麗奧的人嗎？最後安德莉，一位綠眼眸、滿頭泡泡般深色鬈髮的年輕醫師來到。她發誓自己愛貓，會好好照料克麗奧。她不像那些嘗試引誘克麗奧而失敗的人。她只是悠閒地逛逛房子，隨和地問些問題。當安德莉站起來打算離開時，克麗奧以性感的弧度弓起背部，邀請安德莉拍拍她。有貓咪的批准掌印，我們跟安德莉簽了約。

我知道克麗奧除了付出深情的能力以外，也很堅韌而獨立。她是屬於生存型的。儘管如此，我還是很擔心。我把鼻子埋在她芳香的毛皮之中，祈禱（雖然讓人沮喪的是，我跟上帝的對話大部分後來證明是單向的）我們會再見到她。想到要離開孩子三個月，就像是把一隻臂膀砍斷、擺在冷凍庫似的。我試著告訴自己，那不會像是失去山姆一樣的截肢之痛，而只是暫時擱置在冰塊上。老媽跟史提夫要我放心，說孩子們會好好的，尤其有安・瑪莉的幫忙。我知道他們三人都深愛羅柏與莉迪亞，可是他們無法提供結合了神經質與戀慕的獨特母愛。他們再三告訴我，三個月飛也似地就過去了。菲立普向我保證，他會全神貫注於將兩年壓縮成一年、高壓鍋似的商業管理課程。

＊＊＊

幾個世紀以來，劍橋一直是英國頂尖知識分子的發源地。那裡的住民冰雪聰明，安排自己棲居於地球上最詩情畫意的城鎮之一。它的三十一家學院，古老現代兼具，全部鬆散地安置在康河周圍。那條河端賴心情，時而緩滯不前，時而羅曼蒂克。即使第一天抵達時，一月的寒氣凜冽如劍，劍橋之美還是將我從自己內心的通俗劇裡拖出來。國王學院禮拜堂的角樓朝天聳立，如此精巧雅致，肯定是蜜蜂而非人類之手所雕琢而成。

「布朗小姐，我們正等著你來呢。」恍如直接來自於上帝的聲音說道。這個聲音帶著知識、力量與權威——而且屬於學院門房。

這位門房身上流露點什麼，讓我確信我已屬於他的轄區，一切將會順心如意。他帶我到俯瞰四棵果樹的舒適大房間。只要有架子的地方，我一律擺上孩子、菲立普與克麗奧的照片，接著嚎啕大哭起來。

劍橋的一切都很陌生。在我的家鄉，一月是一年當中最熱的月份之一。我知道英格蘭很冷，卻想像不到那種冷冽會穿透我所有的衣物與鞋襪。太陽好似天際間的泛紅粉刺。我簡直不敢相信，同一顆精神分裂的恆星竟然在幾個小時內，就會對著南半球的海灘散射微笑。英國版本的太陽在早晨七點過半時勉強將自己拖下床，像是顆猶豫不決的二十瓦燈泡一樣，懸盪在空中，然後早早在午後三點左右就癱倒於一片陰暗裡。

儘管如此，我對劍橋的古雅仍然激賞不已。遍地的鵝卵石。嘎吱作響的學院建築。國王學院禮拜堂（順帶一提，簡直不亞於大教堂）在晚禱時刻，如夢似幻的少年高音悠揚飄向肯定是天堂的地方。我愛極了劍橋的古怪，以及對於古老規則的服膺堅守，那些規則古老到無人記得它們當初存在的原因。只有學院的**研究員**才能在草地上漫步（雖然我從來就不敢，免得自己是不對的那類**研究員**）。因為劍橋大部分的規則都沒有明顯實用的目的，所以大家對怪異行爲的忍耐程度讓人愉悅。比方說，如果哪個教授出席正式晚宴時，身穿潛水裝與面罩（謠傳有位教授這麼做過），他只是遵循其他人回想不起來的某種傳統。

在劍橋不管去哪裡，到處都有貓咪的蹤影。我想念貓咪到無以復加的地步，我試著跟坐在果樹後方磚牆上的橘斑肥貓打交道，但他一看到我就疾步離去。

某天我看到一條黑色尾巴消失在古老教堂的轉角。那熟悉的感覺使我雀躍不已。邏輯上來說，我明知那不是克麗奧，可是也許那個生物帶有她的部分靈性。遺憾的是，等到我踩著滑溜的石板，費勁沿著教堂側面走去時，貓咪已經不見蹤跡。

一隻自鳴得意的玳瑁貓在教授的壁爐前面伸展身子、大打呵欠。他睜開一眼，舔著自己的顎頰，慵懶地用一掌撫過耳朵，然後呼呼睡去。他的爪子突然張開又闔起，尾巴抽動，肯定是夢見老鼠了。

頭幾週，思鄉病就像一份全職工作，我幾乎沒時間做研究。我天天寫信給菲立普、寄明信片與錄音帶當作給孩子的家書。克麗奧經常入夢來。有天晚上，我看到她變成房子的三倍大。她的腦袋靠在煙囪上，伸長前掌繞過窗戶喵喵叫著。她的喵叫聲有如米高梅電影片頭的獅吼①。也許她用這樣的夢告訴我她很安全，並且善盡守護家園的職責。我無法成眠，起身套上兩雙襪子，蹣跚拾級而下。不幸中的大幸，屋內住戶共用的黑色電話是免費的。我聽著電話鈴響在另一端搏動，正準備掛掉時有人接起。

「安德莉？」我喊道。

「幾點了？」傳來睡意正濃的聲音。

「對不起。我吵醒你啦？」

「沒關係，」該死，我把她吵醒了，「我在睡懶覺。現在是週六早上。你在哪裡？」

「還在英國。我只是在想克麗奧——我是說，你過得如何。貓咪——我是說房子，有任何問題嗎？」

「昨晚挺波折的，」她回答，「我睡得很深的時候，克麗奧從天窗跳上我的床，嚇壞我了。我還以爲是小偷。」

那通電話開啓了橫越地球的一系列通話，話題集中在一隻古怪的黑貓上。安德莉很快

---

①譯註：怒吼的獅子是米高梅公司（Metro-Goldwyn-Mayer）的註冊標誌。

就發現克麗奧無比熱愛三種東西：昂貴的物品、任何以愛製成的東西，或是她自己偷來的東西。

「有天早上我準備出門工作，發現我的Gucci包好像變重了，」她說，「還好我先往裡頭一看。克麗奧窩在裡面！她一臉期待，好像很確定我會帶她去上班。她很愛那個包包，卻不多看一眼我在曼谷買的仿製品。眞奇怪，她怎麼分得出哪個是眞品呢？」

克麗奧對於品質總是很敏銳。如果她想找東西磨磨牙，對喀什米爾羊毛的偏好勝於一般羊毛、埃及棉優於聚脂纖維、皮件勝於塑膠，即使是高級的塑膠製品也得不到她的青睞。

隔週電話的主題是安德莉母親親手編織的桌巾，是她的二十一歲生日禮物。安德莉有天傍晚回家，發現克麗奧把它從桌上拖下來，蜷起身子睡在上頭。

「她有第六感，」我帶著歉意解釋，「只要是用愛做成的東西，她都會知道。」

幾週以後，安德莉抱怨跑步鞋的鞋帶憑空消失了，左右腳都一樣。

「到花園往金魚池後面的蕨類叢裡找找看。」我說。

安德莉照著指示，不僅找出鞋帶（受潮又磨損），還有她以爲被附近的戀腳癖從晾衣繩偷走的好幾隻襪子。

「眞是抱歉，」我的聲音越洋迴盪著，「我不知道克麗奧會惹這麼多麻煩。」

安德莉寬容得讓人驚奇。事實上，她覺得克麗奧很有意思，還去報名動物行爲學課程。

「克麗奧有典型的分離焦慮，」她說，「她需要很多活動讓自己更加獨立。我替她買了些玩具讓她有事做。好像有點幫助，可是她還是比較喜歡我的鞋帶。至於跳上桌子的事……」

「安德莉，我們試過阻止她，可是她以爲這地盤是她的。」

「唔，我發明完美的解決辦法。水槍。」

「你用水槍射她？」

「只有在她上餐桌的時候。朝她的屁股一噴。她學得很快。」

我覺得自己好像是不良小孩的母親，接到行爲矯正中心的通報。儘管如此，安德莉顯然相當喜歡克麗奧，而且她的方法似乎有效。要是她能趁我們不在時好好調教我們的貓咪，我絕不會有怨言。

下一回通話時，安德莉提及她雇請的個人健身教練。洛伊一週來家裡兩次，根據安德莉的說法，克麗奧總是知道何時是週二或週四——洛伊日。她會在窗邊等候，直到穿著運動服的阿波羅②打開柵門。她會跳到前門那裡，急著看他這回帶什麼東西來給她玩——健身彈力帶，還是球？洛伊一把運動軟墊在地上鋪開，克麗奧就趴上去，轉身仰躺，伸展自己的手臂跟雙腿，左右甩動腦袋，盼著洛伊的讚賞。

「任何人都會以爲洛伊是被請來替克麗奧做健身訓練的。」安德莉發著牢騷，但（感謝老天）聲音裡含有笑意，不過她坦承有時不免恨得牙癢癢的。每當洛伊要安德莉做一組特別折磨人的仰臥起坐時，克麗奧就會跟她互搶鋒頭，把腦袋埋進運動軟墊下面，或是用自己版本的摔角法來占用洛伊——用前掌抱住他的腳踝，用後腿踢他。

安德莉倒轉身子嘗試二十五個伏地挺身，腳趾頭緊攀抗力球，卻察覺洛伊的注意力飄向在窗簾後方與他調情的貓咪。洛伊原本說自己是愛狗人士，卻開始改變心意。他問安德莉哪兒可以弄到這種貓咪。她推薦替出國遠行的特殊家庭看守房子。

即使劍橋對我敞開了迷人的新世界，可是沒有任何事情比得上三個月後跟莉迪亞、菲立普團圓的喜悅。了不起的時尚記者瑪莉，以在愛爾蘭有事待辦的藉口，陪同莉迪亞從紐

---

②譯註：意指這位教練健美俊帥，有如太陽神阿波羅。

西蘭過來。莉迪亞慰勞瑪莉的方式，就是在飛機飛出奧克蘭時，往她的外套大吐柳橙汁。

我們在希斯洛機場會合，一同飛往日內瓦，再搭火車沿著湖畔穿梭。前往中世紀古城洛桑的路上，火車在一個個巧克力盒般的村莊短暫停留。

我向五歲的莉迪亞承諾，她會愛上新的學校，而且法文很快就會朗朗上口。兩件事都說錯了。除了跟阿爾卑斯山一樣刻板嚴峻的制度，這所學校對莉迪亞來說是一場噩夢。別人說的話，她一個字兒也聽不懂。每天早上，我們跟蹌爬上垂直的路徑，前往當地小學，我試著用沿路立正站好的一排排鬱金香，或是湖泊另一端撒滿糖霜般雪花的阿爾卑斯山，來轉移她的注意力。等我們到達學校，她總會「肚子痛痛」。我百般不願把滿臉通紅、涕淚縱橫的她丟給老師照顧。茱莉亞女士的仁慈最後證明是種無心的殘酷。她先用法文對全班說話，再用英文說一遍給莉迪亞聽。結果，莉迪亞還是無法跟同學溝通。

由於在紐西蘭海灘度過長長的夏季，莉迪亞擅長的科目就是游泳。這個南半球的蝌蚪讓瑞士的體育老師著迷不已。儘管有泳前淋浴的羞辱，校方還堅持要一直戴著泳帽，但是莉迪亞仍用她屬於深海的自由式，輕而易舉地橫渡泳池。老師無法體會創造年輕衝浪者的那種狂野自由，建議莉迪亞未來可以考慮當個花式游泳選手，這點讓我們感到很有意思。

我爲了達到瑞士「母職」的標準而疲於奔命之時，菲立普在商務學校焚膏繼晷地苦讀著。他難得休息的某天，我們乘著沒比一顆維他命丸大多少的空中纜車攀上山坡，菲立普牽起我的手，說我訂婚戒指圈住的肌膚泛著一種細緻的綠色調。我驚訝地發現他說得沒錯。我們長達一年的訂婚已經超過使用期限。他提議我們是否該結爲連理，在瑞士這地方跟其他地方一樣適合。除此之外，想到在踏上紅毯時，能遠離那些把我倆不尋常的組合當成八卦與娛樂來源的人們，我們都挺開心的。

瑞士除了有阿爾卑斯山、巧克力、銀行、手錶、乳酪、咕咕鐘，還因爲很多東西聞名遐邇（包括巨大的長號角以及提供每戶人家使用的核子避難所），卻向來未被歌頌爲理想的婚禮地點。我們就快查出原因了。

＊＊＊

如果有個世上最難成婚地點的競賽，瑞士肯定會拔得頭籌。不過話說回來，我跟菲立普有種專找難題挑戰的天賦。我們斷定這個鐘錶與巧克力之地，是我們共結連理的理想地點。早該有人事先警告我們的。一如往常，我們失去理智。

菲立普沒在忙著研讀國際商貿機制的時候，就是跟那些小官員們交戰。有我們名字在上頭的每份文件，他們都要求檢閱並蓋章（從出生證明、離婚證明，到女童軍的縫補襪子獎）。橫越地球去電與傳眞給律師，這樣忙了幾週之後，瑞士的官員終於心滿意足。每張紙片都簽了名、副署，然後一式三份地遞送出去。可是那還不夠。他們想了解我們的父母與祖父母臉上各有多少顆痣、在幾歲初嘗禁果、晚上睡在床鋪的哪一側。實情是，瑞士官方不想要眾人在他們國家成婚，所以竭盡全力用繁複的文書作業加以阻撓。他們對神聖的結合不予苟同，寧可讓大家活在罪惡裡③。

在異國成婚最棒的地方就是，因爲極度不便，所以真的費心到場的那幾位賓客，是誠心想出席的。我們把婚禮安排在九月假期，這樣羅柏跟其他家人就能與我們共度這個大日子。我買了米色套裝與相配的帽子。我們還來了趟一日遊，越過湖泊到艾維昂去幫莉迪亞

③譯註：指未結婚而同居。

買一件法式連身洋裝，配上淡紫色飾帶與硬邦邦的襯裙，像是電影《眞善美》裡的人物。

大約有四十名賓客出席婚禮。他們大半都想在我們的迷你公寓借宿。我們幾乎得讓他們睡在衣櫃裡。起居間撥出來給習慣雲遊四方的羅馬尼亞人。老媽與羅柏睡在莉迪亞的房間。

我不得不說這是我參加過最棒的一場婚禮，我可是不帶任何偏見喔。婚禮在日內瓦湖畔一座細緻精美的中世紀教堂內舉行。週末的蜜月之行也是和樂融融。五位賓客伴隨著我們到北義大利如夢似幻的馬喬雷湖湖畔，同行者包括新娘的母親與孩子。唯一缺席的就是一隻小黑貓。

賓客各奔東西之後，菲立普回到經理人的血汗工廠。金碧輝煌的秋日漸漸轉爲凍雨紛落的灰蒙天氣。夏季裡，原本恍如圖畫書般古意盎然的鋪石地面，褪爲炭筆素描的灰黑。我們一直適應不了歐洲的嚴寒酷冷。不管我們的襪子多厚，腳趾都會凍得跟冰棍似的。

離開瑞士之際我並不感傷，對方的感覺亦然。日內瓦機場的官員斷定我們這種三人組很不合常理，肯定是恐怖分子。他們把我們帶到一邊去訊問。我們怎麼可能會結婚？她到底是誰的孩子？我發誓我們的行李沒有槍枝時，他們知道逮到把柄了。我們被護送到一個房間，他們逼我打開行李箱，揭露毀滅性極小的武器——一支雨傘。

回家途中，我們在紐約逗留幾日，借住老友李歐德的家。他知道所有該帶女孩去的好去處。有哪個同志男人不知道？我找藉口沒跟著去觀光，悄悄溜進購物中心買了一組驗孕試劑。回到李歐德家，我連忙衝上樓，經過一整排非洲面具收藏品，把自己關進浴室。我把驗孕棒拿高向光，很難讓手停止顫抖到有足夠的時間讀取結果。哈雷路亞！是藍色的線！

28 忍耐

等待，不過是花點時間抬頭看雲。

「克麗奧幾歲啦？」蘿西在電話上問。

「十歲。」我回答。

「眞不可思議！」蘿西說，「沒想到她可以活這麼久。」

「你的意思是，貓在我們家不可能活太久？」

「欸，對啦。你們一定做對了什麼事。」

貓咪在許多方面都比人類優越，其中之一就是他們對時間駕馭自如。他們不會把年分解成月，日化解爲小時，分鐘剖析爲秒數，因此得以避開許多悲慘痛苦。衡量計較每一刻、擔憂遲來或早到、青春或年老、耶誕節是不是快到了，他們不受這些事情的奴役，而全心欣賞當下的豐富美好。他們從不擔憂結束或開始。從他們弔詭的角度看來，終結往往是另一個開端。在窗檯上享受日光浴的喜樂看似永恆無盡，不過要是以人類時間來衡量，就降格成微不足道的十八分鐘。

如果人類能重設自己的系統，將時間拋諸腦後，就可以細細品味更多樂趣與可能性。對於過往的懊悔就會連同對於未來的焦慮，一併化爲烏有。我們會注意到天空的色彩，緊緊把握活在此刻的驚奇。如果我們可以更像貓咪，我們的生活將會恆久常新。

我不確定克麗奧會用什麼態度來迎接我們。離開你深愛的人一年，是很長久的時間。她很可能認不得我們了，甚至轉而效忠安德莉。畢竟我們遠走高飛時，是安德莉在服侍她。

回到奧克蘭，計程車在我們屋前柵門外停妥。看到房子在籬笆後面像一抹微笑般地開展，讓我如釋重負。前院花園的灌木長高了些。攀繞著迴廊柱子的紫藤植物加強了束縛。我掃視窗戶與屋頂，尋找小黑貓的蹤跡，但是放眼望去，空無一物。安德莉前一天遷離，向我們保證貓咪還活著。也許她巧妙地忘記提及克麗奧逃家成了野貓。

我心上壓著石塊，幫忙菲立普與羅柏從計程車上卸下行李。前柵門推開時，發出熟悉的抱怨聲。瓶刷樹裡的風聲屏住了氣息。

「克麗奧！」羅柏喚道，是男人的粗嘎嗓音。

有個黑色形影沿著房子側面朝我們的方向疾步而來。我都忘了她有這麼嬌小。她的步調一開始不帶感情，彷彿出來是爲了要檢查信箱裡是否有蜘蛛。她猶豫片刻，聳起耳朵，對我們露出不悅之色。一時片刻，我還以爲她可能會垂下尾巴，速速躲進屋下。

「我們回來嘍，克麗奧！」莉迪亞喊道。

貓咪歡喜地喵喵叫，朝我們衝刺。我們丟下行囊，往她跑去，每個人都搶著要抱那團發出呼嚕聲的東西，往她身上灑滿熱吻。即使羅柏與莉迪亞過去一年發育不少，她仍然記得我們四人。

一進到屋裡，她溫暖的歡迎態度冷淡下來。克麗奧決定我們得因爲缺席而得到懲罰。她要求到屋外去，蹲在屋頂上好幾個鐘頭。等我們把行李開箱整理完畢，我用一碗她以前最愛的食物（烤雞肉），將她引誘到地面上。她吃到一半便抬起頭看我，眨眨眼彷彿在說：**怎麼，又懷孕啦？你們人類難道控制不住自己嗎？唉好吧。被套上嬰兒服，坐在娃娃車裡被推來推去，我猜我還可以再忍受幾年吧。**

懷孕初期，我去一位專家那裡，求他在我生第四個孩子時，替我從頸部以下完全麻醉。

他同意了。三十八歲的我甚至有個醫學名稱——**高齡產婦**（順帶一提，任何有志組成樂團而且在找團名的人，歡迎使用）。爲了強化我什麼都該留神這個概念，他拿一張圖表給我看，表示年齡逼近四十的母親產下缺陷兒的機率會增加。我離開他辦公室的時候，感覺自己又病又老。我遵循他的忠告，接受侵入性檢驗，其中一項還引發讓人憂心的陣痛。這些檢驗顯示寶寶很健康，而且是個女孩。

有天午後，克麗奧蜷縮在我的大腿上，我打電話給身在威靈頓的吉妮，告訴她我對於高科技生產的願景（燈光燦亮、手術刀咻咻揮舞），她並未嘲笑，反倒從中牽線，介紹給我一位絕妙的產婆姬琳。

我打開家門迎接姬琳時，寶寶就在我體內翻筋斗。姬琳有世上最和善的一雙棕色眸子。她的小手整齊地交疊於身前。我曉得這就是會替我們接生孩子的女人，儘管我們從沒想過自己會是居家生產的那種人。

* * *

一抹陰雲橫越月亮。舒伯特的音樂在房裡輕柔地流轉迴盪。壁爐的火將菲立普、克麗奧與姬琳的影子映在牆上搖曳不定。時間的界線爲之消融。我們欣然迎向每次的肌肉湧動，好似衝浪者迎向海波一樣，充滿專注與敬意。當陣痛抵達顛峰，姬琳教菲立普怎麼在我的腹部繞著圓圈，藉由輕輕按摩來消除疼痛。凱薩琳在凌晨兩點左右，渾身粉紅、悶悶不樂地呱呱墮地，就在她大哥哥的房裡。我們的支援團體（包括安・瑪莉跟一位當地醫師）臉上散發著成就感的光輝，這種神情可在腳踝上綁著彈性帶、從橋上一躍而下的人們臉上看到。羅柏運氣不錯，那天晚上待在父親家過夜。我們不打算跟十六歲的兒子說嬰兒在哪出生，免得他拒絕再睡在那裡。後來當他發現床罩上有根針灸針，執意要知道眞相時，我們的計畫也跟著粉碎了。讓我詫異的是，他對臥房被充作產房這件事毫不忌諱。事實上，他看來似乎以此爲榮。

據說時間能療癒一切。的確，表面上看來，我們的生活一片美好。我不再害怕羅柏學校的親師訪談。他相當用功，老師說話的語調也跟著轉變。他們談的不是學習障礙，而是醫學或工程這類的生涯規畫。他在校最後幾年的成績十分亮眼，足以讓他獲得獎學金，前往大學攻讀工程學位。

我也很開心，更感激菲立普帶給我們充滿愛意的穩定感。儘管如此，我們的生命有個部分，我與羅柏鮮少談起，當然更不會在第三者面前談到。

「有時候，我覺得我們的人生分裂成兩半，」有天屋裡一片寂靜，只除了克麗奧在冰箱前徘徊、喵喵叫著。「有山姆在的那一段，還有他死後的另一段。我們好像有兩個不同的人生。」

我不得不同意。除了一些朋友與親戚，還有那麼多年前山姆為我們挑選的小黑貓，幾乎沒有什麼東西能將這兩個世界串接起來。即使我們歡笑、工作與遊戲，我們的傷慟仍然眞實如昔，在許多方面都懸而未決，深深埋藏在心裡。由於我們兩人都沒接受過專業的傷慟諮商，所以有時我會刻意談起「記得山姆……的時候」，鼓勵羅柏認同過往的生活。我們一起翻閱相簿，聊天微笑。可是要說時間治癒了我們，這是騙人的。雖說我們已經吸納了失去山姆的龐大創痛，我們仍是情緒上的截肢者。他死去的時候，我們失去了一肢。這麼多年之後，除了我與羅柏自己，幾乎每個人都看不出那截斷的傷痕。

羅柏如今已是高大英俊的青年。他是個強健的泳者，在菲立普的鼓勵下，還通過鐵人三項，並成了駕駛帆船的高手。我有時會擔心他的情緒狀況，但他的身體健康從來就不用我操心。他有種讓人欣羨的能力，總是在一天之內甩掉任何一種病毒。

看著他埋頭向海浪撲去，我有時會想像，山姆如果還在會是什麼模樣？也許比弟弟矮一點，可是一定也有自己獨特的俊美。他那種特立獨行的個性，不知會將他帶往哪種偏路僻境去。也許他會淺嘗毒品，或是走上拍電影這條變數極多的不歸路，讓我操心得多了幾根白髮。搞不好他會成爲母親的夢想，一帆風順地讀完法律學位，即將擁有郊區的豪宅。浪費時間的奇思異想是沒用的。

羅柏大學第一年結束的暑假，我跟他正要前往當地的購物中心。羅柏一時臉色刷白，說他不舒服。「病了嗎？」我說，「你從不生病的啊。」羅柏也一樣困惑。疾病對他而言如此陌生，他根本不曉得在公共場所嘔吐的禮數。他不是在水溝上方彎身，而是轉身把早餐吐得我們一身都是。我推想他是吃了劣質漢堡，很快就會恢復。但我的推想錯了。

他臥病在床，幾天無法吃喝。家庭醫師要我們放心，說病情並不嚴重，不會持續很久。可是到了週末，他因爲嚴重脫水而住院，診斷出潰瘍性大腸炎，是一種起因不明的發炎性腸病。根據診斷，羅柏的病況非常嚴重。

我無助地坐在他的床邊，看著他一天天虛弱下去。身爲母親的我，再次集結賦予生命的力量，用念力要他康復起來，可是似乎再一次失敗了。有好幾次，我告退離開，找個壁角隱身痛哭一場。想到可能會再失去一個兒子，讓我幾乎崩潰。

剛從開刀房出來、身穿綠袍的年輕外科醫師站在床邊。如果羅柏對藥物沒有反應，而早已腫脹的結腸再擴張一公分的話，整個腸道（超過兩公尺長）都得移除。這位外科醫師將之形容爲大型手術。

羅柏的醫院窗外有座塔樓正在施工。我用意念讓時間過去，這樣我們就能向前移往比較快樂的階段：那時建築已經完成，而羅柏（向所有存在的神祇祈求）則再度恢復健康。我越是霸道地逼迫分鐘加速成小時，分針和秒針就更不情不願地緩緩爬行。有時時間看來幾乎整個停滯不前。

我與羅柏重演他的嬰兒期。我撫搓他的頭髮，協助他啜飲難以入口、內含關鍵養分的罐裝飲料。我試著找出讓他比較舒服的辦法。當我幾乎一樣害怕的時候，要減輕他的恐懼是件難事。在他的肚子擺上一顆玫瑰水晶，似乎能夠舒緩痛楚的劇烈侵襲。有人告訴他，他們正爲他祈禱或傳遞療癒的能量時，他的臉龐就會爲之一亮。羅柏歡迎通靈療者派崔克的來訪。派崔克握起羅柏的手時，羅柏說他感覺得到無形的力量握起了他的另一隻手。

我把一張照片貼在他醫院病床上方，照片裡的山巔在夕陽下散放粉紅光芒。羅柏抬頭看，說他總有一天要去那裡。他總是夢想著能暫停學業一陣子，到滑雪場去工作。晨間會有小型艦隊般的醫護人員來巡診。雖然他們聲稱，端賴驗血與X光結果來決定羅柏是否需要開刀，但他們似乎更仰賴他的臉色好壞以及他給他們的回應。

他們就快做出這個讓人沮喪的決定了，我催羅柏在醫師要來的時候，將自己拖下床，沿著走廊散步。奮力越過五十公尺到淋浴間去，得付出龐大的努力。羅柏幾乎無法走路，更別提要推著連在他身上的點滴推車。我們痛苦萬分地滑過醫師團隊身邊，他們詫異得無法做出反應。羅柏在那一刻的勝利，足以媲美奧林匹克馬拉松的贏家。

手術計畫暫且擱置。羅柏的狀況慢慢有了改善。我們發現他坐在病房區電視間的那晚，就知道他正逐漸好轉。

「我看來怎樣？」他問菲立普。

老實說不大好。羅柏在這場磨難之後，掉了十公斤。皮膚襯在紅色浴袍上發出蒼白微光，而且身上還連著點滴管線。儘管如此，男性虛榮的恢復就是目前最好的跡象了。

醫師爲他開立重劑量的類固醇，並預警最終可能還是必須摘除結腸。院方批准他出院時，羅柏成了他原本模樣的骷髏版本。才不過幾週以前，他還在滑水，恍如太陽神阿波羅般地從湖中升起。很難相信，渾身的肌肉與古銅膚色會那麼快就揮發殆盡。他虛弱得無法走到停車場，只得坐在醫院門外的長凳上，等候我去取車。

我們把他的臥房整頓得井然有序、煥然一新，可是他最想待在戶外。我替他在花園裡擺好椅子跟毯子，克麗奧很快加入他的行列。

「我從來就不知道天空的藍是這麼濃烈。」他說，貓咪依偎在變得寬鬆的長褲產生的縐褶裡。

他以那種曾經瀕臨死亡之人的一目了然的清晰目光，細看青草、樹木與花朵。

「小鳥和昆蟲的色彩好鮮豔，」他說，「我以前都把這些當成理所當然，原來大自然都是生命的奇蹟。我希望自己永遠能用這麼清晰的眼光觀看世界。」

等羅柏體力恢復了，便往那輛老車塞了滿到車頂的行李，然後往南駛去。奇蹟似地，車子竟然能撐到足以讓他抵達南島的遠端。整個冬天，他都在皇后鎮附近滑雪場的咖啡店裡滑雪和泡咖啡。接下來，他準備好回大學完成學位。

可是他的健康狀況仍然不盡理想。他仍然定期「發作」，靠著類固醇確保復發的程度不會像第一次那樣嚴重。我懷著麻木的恐懼感，注意到每幾個月的類固醇就得增加劑量，以便控制他的病情。

為了避免我們再度對人生感到乏味，菲立普有天傍晚下班回家，宣布自己升職的消息。唯一的問題是，那份工作遠在澳洲墨爾本。

29 失蹤

貓咪保有無故消失的權利。

我對飛行的習慣性恐懼，被另一種恐懼所取代——貓咪關籠的焦慮。要是克麗奥在飛機後艙凍著了怎麼辦？如果她的提籠被放在有情緒問題的鬥牛㹴旁邊怎麼辦？我偏著耳朵，想聽聽飛機後側悶糊的喵喵聲。一對空少正以《沙漠妖姬》①合唱團員華麗炫目的架式，表演著飛行安全指示——「要是氧氣罩一出現，眨眨你的睫毛，咻地拉起塑膠管，然後儘

①譯註：一九九四年上映的澳洲電影，以三位扮裝皇后橫越澳洲大陸的旅程為主軸所發展出來的喜劇故事。

管扭腰擺臀吧！」鏗鏗噹噹的推車、號叫的嬰兒以及駕駛員的廣播，摧毀了我聽到克麗奧求救信號的希望。

我試著別去擔心。搞不好她根本不在這架飛機上。航空公司跟我們說，她可能會比我們晚二十四小時才到。

那片焦乾的大陸在我們下方展開，好似巨大的印度烤脆餅。飛機下降進入墨爾本時，引擎發出哀鳴。恐懼突然轉爲興奮，然後又變回恐懼。我們爬進計程車時，我品嘗著乾燥的空氣與寬闊的藍天。澳洲的一切都是放大的，更有自信，也更外放。我希望我們能在這片陽光燙烤的廣袤大地上安身立命。

女孩們對於這次搬遷，就跟一百五十年前罪犯被載運至這個國家一樣興致缺缺。跟英國刑罰制度不同的是，我們想盡辦法要讓搬到澳洲這件事充滿吸引力。簡而言之，我們對她們施以賄賂。毫不留情地，凱薩琳原本堅持要一座長頸鹿牧場，後來退而求其次，要了芭比娃娃屋，娃娃屋裡還設有裝了馬達的電梯。莉迪亞還在擬定交易，想搭乘她在市中心看到的那種小步快走的馬車（「馬頭上面有紅羽毛那輛」）去上新學校。

計程車停靠在我們租賃的別墅外面，就在綠蔭扶疏的馬爾文郊區。我還在爲貓咪操心。

可憐的老克麗奧，她可能在某個恐怖的動物轉渡監獄裡備受煎熬。也許我早該接受蘿西收養她的提議。蘿西指出，十五歲的克麗奧等同於人類的七十五歲。她暗示，貓咪在我們身邊經歷崎嶇波折的生活風格，竟然能夠存活這麼久，簡直算是奇蹟一樁了。她還提到，克麗奧的重要器官可能應付不了飛行的艱苦。在蘿西的貓園裡度過短暫的退休生活，可能是比較人道的選擇。儘管如此，克麗奧已經被深深織入我們的家庭歷史，就像貓毛被織進最鍾愛的毯子一樣。我們不是完美的貓父母，可是把她拋在後頭是無法想像的事。

我們五年前從瑞士回來以後，經歷過諸多變化。拋下提供獎學金的學校之後，羅柏完成學位，決定在墨爾本開啓工程事業。莉迪亞就快晉身成爲少女了。凱薩琳即將入學。史提夫娶了亞曼達，兩人生下一個女兒。傷感的消息是，老媽不敵腸癌，發病幾週後就過世了。我目睹她生前最後日子承受的巨大痛苦，可是她以極大的勇氣擁抱死亡。她從原本的樣貌皺縮成虛殼，精神卻似乎漸漸提煉爲炫目的純粹，從她身體的每個部位灼灼發出亮光。雖然令人肝腸寸斷，可是能在她吐出最後一口痛苦的氣息時，單獨伴在她身邊，這點讓我備覺榮幸。我想念我倆的電話對談、她無止無盡的鼓勵，以及她拒絕以灰暗眼光來看待人生的堅持。

不過有些事情如同往昔。毫無疑問地，克麗奧仍是我們家的女王。

「門前階梯上有東西耶。」羅柏說。

前側門廊上的陰影裡有個大箱子。我想是前任房客留下來的垃圾。箱子一側是細鐵絲網。我們試探性地走近。一雙熟悉的眼眸從鐵絲後面往外炯炯怒視。

「看誰在這裡！」菲立普說。

那雙眼睛忿忿回瞪，彷彿在說，**哼！你們還真是好整以暇啊！**

「克麗奧！你已經到啦？」女孩們異口同聲地驚呼。

這就是克麗奧的典型風格，趕在我們其他人前面，提前幾個鐘頭抵達我們的新家園。在某個環節點，她一定對隔離官員閃現某種神情。對方一看到埃及女神馬上就認了出來，於是給她頭等的待遇。

克麗奧在幾分鐘內，就把她在澳洲的第一頓飯一掃而空。她比我們其他人適應得都還快。我的第一個反應是要伸手拿電話，跟紐西蘭無數的人報告我們已經抵達。他們聽到我的消息時，語氣溫暖快活，可是我感應到我們已經迅速成爲他們過往的一部分。

打電話回家還算是簡單的部分。困難的是找出一切的新事物——從醫師、美髮師到購物中心與遊樂場。其中最讓人卻步的就是交新朋友。我填寫學校表格時，感覺到有個友好的人際網絡有多重要。「緊急聯絡人：朋友或鄰居等」，我別無選擇，只好留白。我們擱淺在一塊無名的岩石上。要是我們不趕快找些新朋友，就得靠自己發明了。我決定在家工作，把專欄文章寄回給紐西蘭的報紙與 *Next* ②雜誌。我喜歡跟忠實的讀者保持聯繫，可是這是一種孤獨的職業。在郊區對著電腦螢幕反覆琢磨，不會提高我遇見靈魂知交的機會。

照規矩把克麗奧留在室內兩天以後，我為她打開後門。她試探性地把鼻子往外探擠。她抽動細鬚，沒把握地抬起一掌。在澳洲，花園的氣味混雜著負鼠毛皮、尤加利樹以及鸚鵡羽毛的味道，聞起來和紐西蘭大相逕庭。可是在我來不及阻止以前，她已經像條鱒魚一樣，從我的腳踝之間滑溜出去，消失在一叢天堂鳥之間。

「沒關係的，」我對凱薩琳說，「她只是出門探險，會回來吃晚飯的。」

晚餐時間來了又去，卻毫無克麗奧的蹤跡。這十五年來，她不曾不告而別。暮靄消散。

②譯註：紐西蘭發行的女性雜誌，提供關於人物、飲食、居家裝潢等報導。

天色轉為烏紫，飄下濛濛細雨。克麗奧痛恨雨水。我們聲聲喚她，但毫無回應。

「她可能到房子底下避雨去了，」我希望這是眞的，「明天早上就會出現。」

急雨整夜在屋頂上隆隆敲打。情況不大對勁。澳洲聞名的是乾旱與沙漠，而不是滂沱大雨。黎明過後不久，我匆匆下床檢查門窗，看看有沒有貓咪想要進來。毫無動靜。失去我們鍾愛的克麗奧，會是我們澳洲新生活的駭人預兆。菲立普第一天離家上班，眼裡蒙上了焦慮的雲朵。早餐過後，我跟女孩們穿上雨衣，在鄰里之間搜尋呼喚。有隻暴躁的白貓透過一扇窗瞪著我們。我聽到街道對面傳來一聲狗吠。克麗奧的韌性不如從前，但是她仍然很強悍。可是萬一澳洲的動物更加凶悍呢？如果她遇上羅威納犬，她可能沒辦法用目光壓倒對方。即使她跑得動，但她不再是菁英運動員了。

那天晚上替女孩們蓋好毛毯，我試著要她們做好心碎的準備。「克麗奧度過了漫長刺激的一生。」我說。

「你認為她死了？」莉迪亞問。

「沒有，」我說，「**感覺**不到她死了，對吧？我想她知道我們還需要她。」

我忍不住認為我們的機會並不看好。逃家的老貓在新國度的存活機會是千分之一。隨著每個小時的流逝，她存活的機會越來越渺茫。

翌日雨勢減緩，我們再次搜尋鄰里。我的喉嚨因呼喊她而發痛。我們疲憊地穿越巷道與建築工地。我們在街尾的遊樂場徹底搜尋。離我們新家幾棟房子之外有條繁忙的大街，去那裡調查似乎沒什麼意義。如果克麗奧眞的往那個方向闖蕩，我們將不會再見到她。

我們心情沈重地返回家門。現在我眞的希望自己當初理智一點，接受蘿西的建議，讓克麗奧與公認的愛貓者度過遲暮之年。我們竟然瘋狂地在國家之間遷移，還精神錯亂地自以爲有足夠的魅力與精力可以結交新朋友。我用力嚥下淚水，將臂膀環在女孩們肩上，以粗嘎的聲音絕望地發出最後一聲呼喚：「克麗奧奧奧奧！」鄰里的房舍與樹木以靜寂作爲回應。

對街房子的地下室閃過一抹影子，就是我們之前聽到狗吠聲的那棟。那個形影往前推搡，擠入梔子花叢之間。一開始我以爲那是澳洲特有的奇異動物，也許是某種都會型的袋熊。可是牠有耳朵跟細鬚……以及……克麗奧疾步越街，奔進我們的懷裡，讓我們心上的重石落了地。我們一直沒查出她去了哪裡，是否有其他家庭試著誘引她到他們的冰箱去。不管她原本有何打算，她做了對我們有利的決定。

＊＊＊

澳洲的一切都更大膽無畏、色彩更斑爛耀眼——包括鳥類。我推想，等克麗奧摸熟環境，就會重申她對帶羽物種的恐怖統治。可是澳洲的鳥類並不好惹。牠們相當有自信，不打算成爲貓咪早餐的盤中飧。

彩虹吸蜜鸚鵡停棲在後院的梨樹上，牠們的色彩讓克麗奧目眩神迷。她的舌頭掃過嘴唇，想像牠們的紅綠羽毛可以作爲完美的牙籤。可是牠們格格嘎嘎地嘲笑這隻年長黑貓。牠們知道，要是老貓一靠近，牠們可以用爪子將她撕成碎片，用嘴喙把她身上的餘肉剔除乾淨。

幾隻喜鵲決定要代替整個鳥類物種復仇。有天下午，我往廚房外面一瞥，看到克麗奧低垂著頭，尾巴塞在身體下面，以最快的速度沿著屋側奔跑。那些喜鵲好似一雙噴火戰鬥機般地對她窮追猛打，快飛、俯衝，開心地尖聲高叫。我跑到門口，及時開門讓克麗奧衝刺進屋，得到安全庇護。

不過，我們的四面牆壁卻無法保護我們的安全。就在我們自以爲逐漸適應了新生活，卻碰上頭一個攝氏四十度高溫的日子。我向來宣稱自己是屬於喜歡暖天氣的人。溫度計往上爬幾個刻度應該挺愉快的。我在歡迎每道溫暖光線的國家成長，於是把窗戶與窗簾全都敞開。沒什麼比一陣舒服的穿堂風更好的了，只除了這陣「穿堂風」原來是直接從熱滾滾的紅土區暴衝進我們的客廳。熱氣好似怪獸般笨重緩慢地穿越房子，不像一般熱氣一樣飄蕩而過，而是在每個房間裡重重坐下，然後像幽魂一樣不斷擴張，直到塡滿每個角落，往上探及天花板。我的手臂與雙腿腫脹成兩倍粗，髮絲潮濕地條條披垂著，心跳在耳裡怦怦作響。我癱在沙發上，幾乎無法動彈。我勉強拖著一籃洗好的衣物到晾衣繩那裡。內衣褲在熱風裡簡直就快著火。

這波熱氣讓我們無法招架。對克麗奧來說更是糟糕。她的黑毛皮吸收了暖度，將熱氣傳遍全身，好似個人的中央暖氣系統。原本最愛在壁爐旁烘烤身體的她，了無生氣地側躺著，四肢有如屍僵般地繃硬，舌頭好似波動的投降旗幟。

熱天來了又去，羅柏的疾病讓他的身心持續耗弱。復發的頻率越來越高，也更加嚴重。二十四歲的他有工程師的資格，可是正常的上班生活對他而言是不可能的事。我們有天要帶他（或者說打算帶他）去健行時，我才突然意識到他衰弱的程度：他能走的距離，不比兩根電線桿之間的距離多多少。腸胃科醫師告訴他，他所服用的類固醇劑量無法再維持下去了。羅柏同意去看大腸直腸外科醫師。

我在很多層面都爲他憂慮，包括他的社交生活。他遠離紐西蘭的朋友，在澳洲幾乎不認識任何同齡的人。我對凱薩琳學校的一位媽媽楚蒂提過這點，有天她把姪女湘黛兒帶來跟羅柏見面。湘黛兒是個漂亮的年輕棕髮女子，用她生氣勃勃的個性塡滿了整個廚房。怪的是，我有種似曾相識感，跟當年見到菲立普時所經歷到的很類似。我歸因於湘黛兒的外向本質。她就是那種很容易讓人湧起好感的人。湘黛兒帶羅柏去看足球賽，介紹他給她弟弟丹尼爾。我看得出來羅柏對湘黛兒懷著情愫，可是抱著超乎友誼之外的盼望是徒然的。尤其眼前還有一場大型手術咄咄逼來。

焦慮扒抓我的內臟。想到羅柏必須經歷這樣激進的手術，我就覺得厭惡。沒人希望自己的孩子有殘缺。萬一手術出了差錯呢？相反地，他要是選擇不接受手術，未來甚至更加灰暗無光。只消瞥一眼他因爲服用類固醇而腫脹蒼白的臉龐，就足以說服我了。他的生命正在我們眼前漸漸流逝。

* * *

有天早上我打開廚房的門，發現有隻渾圓的畫眉寶寶驚愕地倒臥在磚砌小徑上。克麗奧的技巧退步了。要是在不久以前，她早已大開殺戒。畫眉寶寶的兩眼晶亮，流露警覺。兩隻看似父母的成鳥，棲息在不遠處的籬笆上，正發出吸引我到外面的騷亂叫嚷。

克麗奧匍匐前行，要做最後一次撲襲，這時我的皮膚因爲暴怒而刺癢不已。她怎麼可能在前一刻如此柔軟又滿懷愛意，下一刻又成爲摧毀別人家庭的無情殺手呢。我難得有機會阻止她的例行殺戮。我一把抓起她，咻地拎進屋裡，隨手用力把門甩上。

整個午後，我跟克麗奧看著成鳥在籬笆與漫生茂長的山茶花叢之間穿飛。牠們的尖鳴因爲情急迫切而頻頻間斷。牠們催促孩子爲生命而戰鬥，我明白牠們的焦急苦惱。我想，至少牠們不用承受目睹孩子遭到毀傷的恐怖。不過話說回來，「至少」這兩個小字總是挾帶著恐懼的陰影。

克麗奧因爲這樣的多愁善感而火冒三丈。*你這傻瓜，這就是大自然啊*，她似乎在說，你只是讓事情更糟而已。讓我給牠一個痛快吧。

翌晨，我把克麗奧囚禁在室內。鳥寶寶在磚砌小徑上動也不動地躺在同一地點。牠的眼神空茫，爪子以驚異的姿態蚓蜷起來。我大口嚥下淚水。讓我詫異的是，那對鳥父母仍然站在山茶花叢裡守望，不可置信地往下盯著牠們死去的孩子。我從不曉得鳥類會像人類一樣，為自己失去的孩子而傷慟。就像山姆以前常說的，動物的世界比人類所能了解的還要複雜美麗。

克麗奧從附近的窗戶目睹這個場面，以莊嚴的漠然舔著腳掌。那一刻，我連要喜歡她，都要經過一番掙扎。

30 呼嚕的力量

貓咪護士比人類護士還要盡心盡力，雖然她有些方法可能不符傳統。

潰瘍性大腸炎跟它恐怖的表親克隆氏症（Crohn's disease），兩者皆起因不明，雖然研究仍持續進行中。這種腸部的殘酷潰瘍大都好發於十五歲到三十五歲的年輕人身上。我忍不住覺得，就羅柏的案例來說，對山姆未決的傷慟是一部分原因。除了透過手術移除腸部，目前爲止仍無治癒辦法。

羅柏不想要小題大作。我們開車上醫院，彷彿只是正要進城吃頓中飯的平常日子。車子緊挨河流彎道行駛時，我想到外科醫師的雙手。今天，我希望它們運作狀況良好。對於兒子即將接受將會永遠改變他身體（使他身體殘缺？）的大手術，你又能說些什麼？

「河水上的光線很美吧？」

他咕噥表示同意。如果奇蹟出現，這場手術相當成功，就能給他一個新生活。我試著別去想即將發生的事有多麼嚴重。要摘除將近二・五公尺的結腸。他回家的時候會帶著結腸造口術的袋子①。事情不該是這樣的。他出生的時候很完美。我用盡每一絲的母性力量要讓他維持完美狀態。我決心要透過純粹的意志力來治癒他，可是卻失敗了。如果一切順利，兩個月後會有第二次手術，將結腸造口術的袋子移除，至少（至少、至少——這是多麼惹人厭惡的字眼）能讓外觀看來正常。

最底線的對話。牙刷。打勾。刮鬍刀。打勾。爲什麼他不能擁有那個眞正關鍵的東西？健康狀況良好。不打勾。我們搭電梯到八樓，那裡有個灰色的小房間在等他。牆上有個十字架，提醒大家，之前有好些年輕男子承受了超過自己應得之苦。羅柏坐在有扶手、卻不夠格稱作扶手椅的椅子裡。至少這個病房能俯瞰城市。

①譯註：大腸、結腸或直腸手術後，醫師在病人腹部製作一收集排泄物的開口，以一個特別的袋子覆蓋在造口上，用來收集病人的排泄物。

「湘黛兒會到那邊，」他指著一棟灰色建築，「上大學。」

我的心抽痛。讓二十四歲的男性渴望困在一個拒絕正常運作的軀殼裡，似乎是種終極的殘酷。同樓層的其他病患全超過七十歲。

要說我們的沈默很窘迫，倒不如說是內蘊豐實的。

「我愛你。」我說。這些字眼對我這位美麗、敏感又愛貓的兒子所傳達的感情，只有實際上的區區百分之幾。

「你現在可以離開了。」他凝望的目光沒從窗戶移開。

「你不想要我留到他們把你安頓好嗎？」

他搖搖頭。「跟克麗奧說我很快會回家。」

我離開病房區的最後一瞥，就是坐在一張面窗椅子裡的孤單形影。

到了地面樓層外，我跨過街道找到一家小教堂。木條裝飾的殖民風格，讓我想起孩提時代拼命努力學習上帝守則的地方。我試著再次祈禱，可是我跟上帝的對話一如往常仍是單向的。

在公園可以得到的慰藉比在教堂裡多，在我上方伸展的枝椏好似巨手般給人安慰。在生命力搏動的葉片與花朵之間去想像上帝還比較容易。死亡與腐敗以一種看似自然又讓人安心的方式，織入這片美麗之中。

我大口呼吸，感謝當初裁定醫院附近需要公園的維多利亞時代之能人智者。草地與樹木吸收了人類的憂愁，幫助他們以客觀的角度看待事物。

六個鐘頭以後，我往袋子裡忙亂撈找。我顫抖的手滑溜溜的，幾乎無法把電話握好並貼在耳旁。外科醫師的聲音很疲憊而實際，但帶有一絲樂觀。

「一切順利。」他說。

＊＊＊

我跟克麗奧一路悉心照料羅柏，讓他從第一次手術復元。幾個月後，再從第二次手術康復。他恢復力氣時，常常把克麗奧橫披在肚子上，讓她滿是喉音的歌曲在他的傷口之間迴盪。科學家證明，寵物可以幫助人活得更久，不過貓咪呼嚕聲的療癒潛能還需要更多的研究。這是一種來自遠古的誦唱，如同海浪拍岸的節奏，裡面含有強效藥物。

眾所皆知，貓咪發出呼嚕聲不只是要表達快意，也是在申訴劇痛。有人說這種貓族的搖籃曲很有撫慰作用，是因爲會讓貓咪想起幼小的自己還蜷縮在母親毛皮之間的溫暖。要是某天有人證明呼嚕聲不只是搖籃曲，說那種振動也有治癒活組織的潛力，我也不會訝異。

「聽聽，」有天羅柏說，「那是咯咯跟咆哮的混合——咯吼。」

「你記得小時候克麗奧會對你說話的事嗎？」我問。「那是眞的嗎？」

「那時候感覺很眞啊。」

「她現在還會對你說話嗎？」我不再擔憂他的理智問題。好幾年前，我就已經接受羅柏跟克麗奧有種似乎只會帶來好事的特別聯繫。

「有時候會，在夢裡。」

「她都說什麼？」

「她這陣子以來話說得不多，比較像是直接展示給我看。有時候，我們會回到山姆還活著的日子。我們陪著他在之字路上跑上跑下。她好像在跟我說，一切都會好轉。」

克麗奧伸直前腿，拱彎背部，張嘴打了個大洞穴般的呵欠。就她而言，在羅柏的夢境現身，只是她閒暇時的消遣。

我願意跟羅柏交換處境，讓他擺脫磨難。可是我說這種話的時候，他只是聳聳肩。他說，在很多方面，這個疾病是個贈禮。我渾身打了哆嗦。他說起話來像個老頭似的。當然了，他的經驗給他一種超乎年齡的視野。

「我經歷過平順的時光跟困難的時刻，」他說，「相信我，我還是比較喜歡順遂的日子。等你嘗過走味的麵包，就能眞正欣賞剛出爐的鬆軟新鮮麵包。」

羅柏的身體逐漸再次適應進食與吸收固體食物，雖然他還是一副從戰俘營倖存下來的模樣。如果他的身體不明所以地拒絕療癒而產生併發症，我懷疑他會有殘餘的體力來跟疾病奮戰。幸運的是，他還年輕，而且有多年運動儲存下來的精力可資運用。

比起我來，克麗奧這個護士更加勤勉，她在屋裡疾步尾隨著羅柏來去，依偎在他的毯子裡，偶爾以斷頭的蜥蜴給他作爲祝福早日康復的禮物。

我們在家共度的漫長時日裡，我有幸得以更認識羅柏。二十多歲的男性能跟母親分享想法，是難能可貴的事。他的疾病出乎意料地讓我倆更爲親近。

「我以前總是希望自己的人生順遂一點，」他沈吟道，「有些家庭平安順遂地度過年年月月，沒有什麼影響到他們。他們不知道什麼是悲劇，嘴上老說自己有多幸運。可是有時候，我覺得他們只活了一半。等事情出了差錯——每個人遲早都有這麼一天——他們會傷得特別重。像弄丟皮夾這種小問題會變成驚天動地的事，足以破壞一天。其實他們根本不曉得什麼才叫難熬的日子。一旦他們明白了，就會苦不堪言。」

羅柏也發展出善用每一分鐘的獨有方式。「因爲山姆，我明白天有不測風雲；也因爲他，我學會欣賞每一分鐘，試著別過於執著。如此一來，人生會更加刺激與熱烈。三天過後就會變質的優格，遠比能夠維持三星期的東西還要可口許多。」

我這位穿著睡袍的年輕哲學家有著可匹敵東方神祕學家的理論。可是在內心深處，我們都知道他懷有與其他年輕人相同的夢想，他最渴望的就是愛情與幸福。

31 連結

在夢境現身的貓咪，眞實程度不亞於在廚房地板上輕步靜行的貓咪。

通靈的貓咪與這世界的連結方式比我們想像的要多。她會悄悄潛入廚房，或者一樣輕鬆地潛入夢境。在她最愛的窗櫺上守候時，她知道人類奴隸何時返家。身爲超現實力量的守護者，她會散放一層有如防護外盾的光芒，籠罩那些她以自己的存在給予祝福的家屋。有時人類會意識到貓咪在兩個世界之間的游移。多半時候他們意識不到。

手術過後幾個月，羅柏還是跟冬季樹苗一樣纖瘦，而以我身爲焦急母親的角度看來，他也還沒全然痊癒。儘管如此，他堅持要跟幾位老同學（「男生們」）共同規畫一場澳洲內陸的探險旅程。他們計畫一路開車穿越沙漠到烏魯魯①，整個旅程歷時整整三星期。要說我會擔心，只是輕描淡寫。可是，羅柏不想下半輩子都在額頭上貼著「病號」的標籤，而我不得不接受這一點。他渴望新奇驚險的正常青年生活，儘管所冒的險足以讓爲人母者心驚膽戰。

我對男生們耳提面命，要他們知道澳洲內陸基本上是個廣大無邊的動物園，盡是蓄勢攻擊的生物。從鱷魚、鯊魚到蛇類、蜘蛛與螞蟻，全都是對人類物種毫無情感的獵殺專家。連袋鼠都可能是殺手，在夕陽西下之時，不愼撞毀車窗。

他們睿智地傾聽與頷首。他們可不是費盡力氣自找麻煩的傻瓜。

比起野生動物還讓我操心的，就是抛錨的危險。打從開刀以來，院方不斷提醒羅伯盡量攝取水分。如果他們的交通工具在某個焦乾的荒野啪噠停擺，缺水會是個嚴重問題。男孩們要我放心，他們車上有足夠的儲水。技術上來說，他們已經不是男孩，而是超過法定年齡的青年。我除了信任他們，沒有其他選擇。

「你在擔心什麼呢？」有天晚上我輾轉難眠時，菲立普問道，「羅柏的同伴都很棒。你

---

①譯註：Ulruru是澳洲知名的自然景觀，有世上最大的巨岩。

看過他們天天到醫院探訪他的那種忠誠度。他們知道他吃過什麼苦頭，不會再讓他受罪的。」

要橫越澳洲中部空曠廣袤的土地，他們那輛破爛的福特看來一點都不理想。他們堅稱自己備有最新型的防蛇露營配備。想像他們在無情的穹頂藍天下，蹣跚越過荒蕪不毛之地，我眞想乞求他們留在家裡，做點安全又理智的事情——報名烹飪課程、參加舞蹈班。什麼都好，就是別冒這個險。可是對於親職這檔事，我已經學得夠多，很清楚許多時候還是把嘴巴閉上比較好，我希望現在就是這種時候。

＊＊＊

三週過後，他們返家的日子到了，克麗奧在走道上踱步。她跳上窗櫺，凝望街道，接著跳回地板再次來回踱步。她跟沙漠公路上的眼鏡蛇一樣繃緊神經。我把她抱起來時，彼此互傳了靜電。她壓平耳朵，不耐煩地扭動身子。我把她放回地上，讓她繼續踱步。

「別擔心，老女孩，」我對我自己和貓咪說，「他沒事的。」

蒙著紅通通沙塵的車子轉進我們的街道時，如釋重負的瀑布澆淋我全身。我把克麗奧攬在臂彎裡，跑到屋外迎接。羅柏把頎長的身軀從後座伸展出來，盡忠職守地彆扭著臉接受我的擁抱。好怪，曾經踮著腳尖親吻母親的孩子，現在卻彎著身體、低垂腦袋來接受母親的吻。我焦慮地掃視他超過一八〇的身軀，注意到他的身體狀況（如果眞有什麼變化）似乎有了改善。

「如何？」我問。

「棒透了！」

我們說動男孩們留下來烤肉。我們沐浴在炭火的微光中，望著星辰閃閃亮起。

「沒什麼比得上夜空，」羅柏嘆了口氣，「當外在的事物變得難以承受，我便想著星辰，還有它們俯望的一切。在地球上的我們，以爲自己藐小的人生有多麼重要。即使人類創造了許多事物，可是在宇宙之中，我們只不過是微小的粒子。」

克麗奧乘機舔走他盤上的一些番茄醬。

「我在沙漠有個不可思議的經歷，」他繼續說道，「有天晚上，我們在靠近凱薩琳峽谷的偏遠地區紮營，我夢到一隻詭異的白貓。牠有七個心臟，端坐在湖邊。」

「那隻貓嚇人嗎？」我問。

「不會。牠像老師一樣有智慧，而且還對我說話。」

「噢！」我露出微笑，「不會又來了吧！牠說什麼？」

「牠說有隻貓保護我很多年了，說那隻貓把我領向正確的人身邊。牠說我們的世界會繼續受到悲傷與痛苦的折磨，直到我們學會最重要的功課。爲了達成我們能力所及的一切，我們一定要以愛來取代恐懼與貪婪——爲了我們自己、爲了彼此，也是爲了我們居住的星球。

「那隻白貓還說，我的貓咪守護者幫助我找到各種形式的愛。只剩一種形式的愛牠還沒教會我，事實上我一直在往那個方向走，自己卻不明白。一旦我找到那份愛，那隻貓咪守護者就完成牠的任務了。」

一顆流星迅速劃過天際。我茫然失語。

「好笑的是，」羅柏繼續說，「我隔天早上馬上跟他們說了這場怪夢。我形容那座潟湖的形狀跟周圍的山丘。就像在我眼前一樣。我還跟他們提到那隻會講話的貓咪，他們當然呵呵大笑了。可是幾個小時以後，我們來到一個跟我形容的夢中風景一模一樣的地方。要不是我先跟他們巨細靡遺地描述過，他們絕不會相信我。有個原住民男人向我們介紹，說那是療癒聖地。瀉湖周圍有七座高聳的土墩，長久以來，當地人都把這些土墩叫做貓。」

克麗奧從羅柏肩上的優勢位置，審視每張烤肉火焰陰影裡的人類臉龐，並眨了眨眼。

32 原諒

原諒，終究是貓咪的天性。

移居異國的缺點之一就是，我們出外度假時，不容易找到願意幫忙照顧克麗奧的可靠朋友。

即使我們跟鄰居漸漸熟稔，要把照顧貓咪的任務強加在他們身上，似乎有點操之過急。我們不曾把克麗奧留在貓旅館，我擔心熱愛自由的她，會適應不了被監禁的生活。不過她向來證明自己強悍又靈活。我猜想她或許應付得來。

猜想是種危險的東西。我們從貓旅館接她回家以後幾天，她的兩眼不停淌流黏液。她沒了胃口，咳起嗽來。克麗奧這輩子第一次重病。

我們鄰里間的獸醫身材渾圓，臉蛋通紅，頂著蓬鬆的銀髮。他用狀似義式臘腸的手指戳戳克麗奧。

「她幾歲了？」他檢查我們寶貴的貓咪，彷彿她是他從鞋底刮下來的髒東西。

「十六。」

他不可置信地看著我。

「你*確定*？」

「她的年齡我一清二楚。我們的大兒子過世以後，別人把她送給我們。」

「嗯，如果你很確定她有*那麼*老的話……」他嘆了口氣，「那我就不抱太大希望了。從貓咪的平均壽命來看，她早該在六年前就死了。」

他是個強悍的獸醫。我痛恨他那冷漠的用語。在遙遠過去的某一刻，他一定曾經對動物有足夠的憐憫之心，預想自己未來要與動物共事一輩子。可是不管他有過什麼樣的同情心，如今要不是已然乾涸，就是因爲了什麼原因不在我們面前表現出來。也許他對我照料貓咪技巧的看法，跟蘿西所見略同。也許他太太剛棄他而去，追隨街角那位牙醫。我不能怪他。

「我沒辦法保證什麼，可是如果你們想要，我會讓她試試抗生素的療程。」

如果你們想要？難道這男人認爲我們準備好放棄她了？

「是的，麻煩你。她是我們家的一分子。」

克麗奧擔任我們家的守護者那麼久了，我們才不打算拋棄她。這男人好像對這個事實視而不見。

「這樣啊。如果我是你，我會要家人做好最壞的打算。」

我把獸醫的話複述一遍，女孩們大口嚥下淚水。她們都擁有克麗奧從搖籃邊緣瞅著她們的回憶。克麗奧簡直是她們的保母。

「這是大自然的一部分，」我原本不打算說出那麼像老媽的話，「我們有她陪伴這麼久，已經很幸運了。」

讓我們喜出望外的是，幾天過後，克麗奧的眼睛清澈起來，抽吸鼻子的症狀也消失了。不到一週，她恢復了無所不吃的飲食習慣。蒼蠅、橡皮筋或襪子無一倖免。她的皮毛恢復光澤。她在廚房餐桌周圍舞動身軀，攀爬窗簾。克麗奧恢復了生龍活虎的老樣子。獸醫可能會認爲克麗奧行將就木，可是就她自己而言，她還風華正茂呢。

可是她給了我們一個警告。雖然她隱藏得很好，但老年潛入了她的關節。她比以往睡得更多，而且變得比較怕冷。

事實上，她適應老年的泰然自若，足以媲美女公爵。以前那種美妙而善意的喵聲變成了具有權威感的嗥叫。克麗奧在漫長的一生裡，見識過各種形式的人類行爲。她曉得何時該表明立場、何時該隱去身影。她總是知道到哪裡可以找到逃生路線。她年輕的時候，莉迪亞頭下腳上地抓著她在屋裡亂走，她連細鬚也不抽動一下。不久以前，她允許凱薩琳替她戴上帽子與爲了澳洲賽馬日特別織的手套。那是克麗奧表現包容與情感的方式。

我們承認她上了年紀，決定做些改變。度過幼貓期後，克麗奧在夜裡總是堅持到屋外，在月光的籠罩下於屋頂上遊蕩。即使天氣嚴寒，她也偏好睡在戶外，蜷起身子窩在屋子下面的中央暖氣系統周圍。爲了她的健康著想，我跟女孩們都同意，有必要改變他的生活模式。從現在起，她必須當隻室內型的貓。訣竅在於替她張羅她能認同的床鋪。

她獨占也毀壞了一家子的懶骨頭沙發，肯定會愛上我從寵物店替她買來的超大型豆袋床。沒錯，它是替大型犬類設計的，可是克麗奧絕不會知道。

克麗奧天生有種內建的雷達掃描器，能從一千個狗舍的距離外，偵測到任何與狗類有關的東西。但這張豆袋床是全新的，不可能有狗味。也許它還夾帶著製造者的思緒殘片，這人當初在縫紉機前沈思，最後睡在上面的會是哪種犬類——大麥町、阿爾薩斯狼狗或是普通的混種老狗。

所以，儘管我們盡盡唇舌向克麗奧說明，這張床有多麼豪華舒適，但她怎麼就是不肯靠近。我們改放在屋裡的各個誘人地點——火爐前面、廚房地板的一方陽光之中。但一切努力了無意義。就克麗奧而言，狗用豆袋床就是噁心透頂。

挫敗不已的我把床丟到房子底下給大老鼠用（或者不管在房子下面啃嚼東西的是什麼生物），也許一張床還不夠。或許克麗奧試圖告訴我們她需要多重選擇——日間用床、夜間用床。回到寵物店，我們買了毛茸茸的粉紅靠墊，以及棕色軟墊睡床，兩者皆是專門爲貓設計的。

我們把粉紅靠墊擺在家庭娛樂室的沙發之間。它遭到應有的輕蔑對待。白天的時候，克麗奧偏好棲坐於沙發扶手；更好的位置是，坐在斜躺閱讀的人類肚皮上。這個姿勢不只提供溫暖與優越感，也給她大好的機會沿著書頁邊緣剔牙。她倒沒那麼痛恨那張棕色軟床。我們將它擺在洗衣間，她不情願地同意在那裡過夜，連同她的飯碗以及（終極的羞辱）貓砂盆。

度假成了問題。我們不願再冒險嘗試貓旅館。進駐家中的貓保母是唯一的解決辦法。克麗奧的第一位貓保母就是我們的朋友瑪格諾莉亞。

瑪格諾莉亞是世上廚藝最棒的人之一。她在南太平洋的薩摩亞成長，那兒是少數懂得欣賞大如熱氣球的肚皮之美的國家之一，她明白分量的眞義。不只如此，她對於品質也有著美食家的執著。她從天使那裡偷來了椰子蛋糕的食譜。她的紅酒燉牛肉會讓茱利亞・柴爾德①嫉妒得臉色發綠。所以，當瑪格諾莉亞帶著煮鍋以及內容尚未公開的幾袋東西過來時，克麗奧贊許地舔著顎頰。

「你們別擔心，」瑪格諾莉亞將圍裙套過腦袋，「好好去玩吧。我們絕對沒問題的。你們知道我愛貓，當然不是以烹飪的角度來說嘍。」

我吻吻克麗奧的嬌小額頭，可是她對正式的道別毫無興趣。她的注意力全放在瑪格諾莉亞身上，這位大廚正鏗鏘作響地把厚底淺寬鍋放到爐台上。我們出門在外時，一直爲克

①譯註：Julia Child (1912-2004)，美國名廚、作家與電視節目主持人。

麗奧懸著心。

「她是那麼敏感的動物，」我對菲立普說，「有個陌生人在家裡可能會讓她心理受創。」我們每一次去電，瑪格諾莉亞都說我們的貓狀況不錯啊。我不知道我們是不是該相信她。不錯的意思，可以從「不錯啊，不過被喜鵲攻擊、一隻眼睛被啄瞎了」，到「不錯啊，可是她什麼都不肯吃」。

「我現在沒辦法多談，」瑪格諾莉亞補了一句，「我們的爐子正忙著燉馬賽魚湯呢，對吧，克麗奧？然後我就要出門去市場採買新鮮明蝦嘍。」

「你們覺得克麗奧沒事嗎？」女孩們問。

我們回答應該沒事，可是我們哪知道呢？

女孩們說動我們提早一天回家，因爲我們幾乎能肯定，克麗奧正因思念著我們而憔悴消瘦。瑪格諾莉亞前來應門時，米其林星系的香氣飄竄入我們的鼻孔——暖烘烘的肉香，隱約含有酒類與松露。一隻渾圓的小動物正塞在瑪格諾莉亞彎起的手肘之間。那個生物帶有電影明星踩在奧斯卡頒獎典禮前的紅地毯上，偶遇影迷的神情——「我看到你了。如果你很急，就跟我的公關小組拿張簽名照吧。」

「克麗奧！」我們齊聲喊道，好幾隻手搶著要抱她。

她猶豫的時間久得不成體統，然後才讓瑪格諾莉亞把她放進凱薩琳的臂彎裡。

「她喜歡她的伙食。」瑪格諾莉亞笑道。

克麗奧扭動身子要人把她放到地上，然後蹣跚搖擺著走向廚房。過去兩週以來，她不只身材圓胖起來，也變得自鳴得意到不可思議的地步。

「我會想念跟她共枕而眠的時光，」瑪格諾莉亞補充，「她依偎在被單之間，把腦袋靠在我旁邊的枕頭，那個模樣好可愛喔。」

我身上還留有足夠的鄉下女孩血統，不會想跟我們的貓共享枕頭，即使是我們捧在掌心上的貓女神也是，而且我的廚藝遠遠不及瑪格諾莉亞。

我不知道這些是否足以成爲懲罰我們的理由。也許克麗奧只是因爲我們離開而氣惱，更可能是結合了種種罪行的後果：她在我們的床罩中央擱了個糞塊，將自己的感受表明得一淸二楚。

* * *

在那之後，我們每次出門，貓保母進駐家中就成了常態。在這些小旅行的其中一次，廚房椅子倒下，壓到克麗奧的尾巴，靠近尾巴尖端的地方凹進去。保母頻頻致歉，說當時流了點血。凱薩琳爲此掉淚。克麗奧在生命餘下的日子裡，尾巴尖端一直是軟趴趴的，但她並不向人乞討同情。她揚著凹陷的尾巴，帶著軍官在戰役中留下傷疤的傲氣。對於永久的傷害懷抱原諒的心，對她而言如此簡單易行，有如呼吸一般。

我眞希望我在原諒的藝術上，也跟她一樣擅長。我們人類常緊抓傷痛不放，甚至加以照料調養，導致傷痛越來越深。我們很容易擔起受害者的角色，而貓咪是（而且向來都是）人類錯待的接收對象。中世紀期間，成千上萬的貓咪遭到捕殺，因爲人們相信巫婆附在牠們身上。十六世紀期間在巴黎，大批人群爭睹一袋袋貓咪集體火刑的場面。即使到今天，小貓還是依慣例被裝進布袋裡溺斃。各種年紀的貓咪在爲了所謂追求科學進步的研究中慘遭酷刑。亞洲某些地方還認爲吃貓肉有益於某種年紀的女性。

人類給家貓帶來那麼多苦難，牠們還能忍受跟我們接觸，實在不可思議。貓族也許沒忘記我們對牠們施加的暴行。可是，一代又一代的貓咪繼續原諒我們。每一窩初生的貓咪無助地喵喵叫，正是邀請人類從頭再來、賜給人類改進的機會。我們過去的行爲顯露我們的殘酷能達到何種深度，但是貓咪繼續對我們懷抱更高的期望。除非我們能不辜負貓咪眼中的信任與期望，否則我們就不能自視爲進化完全的生物。

* * *

我仍會想起那位多年前輾過山姆的女性駕駛，她曾在我心裡盤桓不去，我對她的怨怒就像燎原的野火。意外過後那幾年，當我在報上讀到父母原諒殺害孩子兇手的報導，我總是認爲他們不夠誠實。

時間也許無法療癒一切，可是它能提供寬廣的視野。福特雅士早在幾年前就不流行了。在路上很難看得到，更別說是藍色的。害死山姆的那輛車可能早就化身成菸灰缸了。街道已經讓位給四輪驅動的車輛。我終於能夠完全接受：山姆的悲劇也是她的悲劇。一九八三年的一月天深深刻進了她的心，如同深深刻入了我的心。她每一次坐進駕駛座或是看到金髮男孩跨越街道，一定都會看到山姆的魅影。

我在情緒上終於準備好，足以面對這個女人了——如果有此可能的話。我試著拋出一些訊息。在接受雜誌的訪談時，我暗示我準備好了。我想用雙臂環抱她，認可她這些年來必定承受過的痛苦，然後告訴她我原諒她。完完全全地。

郵件捎來了回覆，但與我原本預期的不同。

親愛的海倫：

我太太把最近一篇關於你的報導拿來給我看，她催促我寫信給你，因爲報導中提到山姆過世後，你所經歷的極度艱難的時光，我們看了都很難過。

我不確定這件事能否給你帶來任何安慰。事實上我在意外發生不久剛好路過現場。那輛車子的駕駛人當時不在場，我想她是去求救了。我的同伴到馬路另一邊阻擋車流，我則留在山姆身邊（他幾乎毫無意識，我相當確定他沒受到什麼折磨。我也認爲他是在我陪在旁邊的時候過世的），一直等到警察跟救護車來到爲止，他們全都很和善而體貼。

後來警察說我跟同事可以離開，所以我們就走了。我心裡很難過，所以晚上回到家，我幾乎無法對太太啓齒。一個可愛小男孩的生命竟然就這麼平白浪擲掉了——可是那不是任何人的錯。

我當時曾經考慮要打電話給你，後來打消這個念頭，因爲我是個陌生人，擅自去電恐怕會侵犯你的隱私。我還是不知道當時那樣做對不對，可是我現在覺得你會想知道山姆當時並非孤零零的——所以我才寫下這封信。如果這封信能給你帶來一絲安慰，那我會非常開心自己提起了筆。

祝好！

亞瑟・賈德森

寄自基督城

附註：多年以來我一直是你的專欄的忠實讀者。

我一遍遍地讀著這封信，從他人（一位仁慈慷慨的陌生人）的角度重溫那天的事件，衝擊的震顫竄遍我的全身。我對他的感激之情，根本不足以用回函表達。待在一位垂死男孩身邊需要勇氣，而寫下這封信幾乎也要同等的勇氣。他的信帶給我一種了結一樁心願的完滿之感，更甚於我與那位女性駕駛碰面所希望獲得的任何東西。

我保留那封信並珍藏至今。知道山姆當初並未孤單死去或痛苦不堪，就某種程度來說，足以緩解我的憂傷。

這個世界一定有許多像這位陌生人一樣的沈默英雄。他們沒有輕鬆地一走了之，卻選擇留守在意外現場。他們冒險攪亂自己平靜的內心世界，獻出一個人所能提供給另一人的最大撫慰——並非孤零零死去的慰藉。接著，恍如天使一般，他們不留一絲痕跡地消失蹤影。

33 加入貓黨

小心那熱情的貓黨一族。他可能會滿口貓經，讓你不勝其擾。

「噢，看看那隻可愛的小貓咪！」看到克麗奧在我們的前門小徑擺出獅身人面像般的姿勢時，路人發出驚呼。

「她不是小貓，」我說明，「其實她很老了。」

「眞的嗎？她看起來好……小。」

如果我們能把讓克麗奧青春永駐的基因裝進瓶子，我們老早就坐擁幾棟濱海房子、一艘遊艇跟搭乘太空梭的季票了。我把這種現象歸因於心態。當然是她的心態嘍。就克麗奧來說，老化不是什麼悲劇。她並不把這事放在眼裡。

更年期的婦女如果能看到克麗奧有多樂意蛻去柔媚的青春，變成我們家越來越有威嚴的關鍵統治者，就沒有什麼恐懼的了。她身爲這家人的女祭司，對事事物物都會表達個人的看法，從她的魚是否搗碎到妥當的程度，到人類奴隸該多早被逼下床。任何黎明未起的人可以預期，克麗奧會到他們的臥房門口發出尖銳的 morning call。

我也進入一個傾向大鳴大放的階段。我老早放棄改變世界的希望，但感覺這世界仍然有權聽取我對一切事物的看法，從總統制政治一直到絕不該放任金髮女郎開車上路。獨缺一把裝在我車頂的擴音器，讓我藉此告知其他駕駛者與行人，他們對他人、自己以及（整體而言）這個星球帶來的危害。

依循自然的循環，我們的巢穴漸漸空了。莉迪亞暫停大學課業一年，到哥斯大黎加去教英文。羅柏搬到倫敦一陣子，在那裡的酒行工作。如果我跟羅柏眞要證明我倆之間強大的心電感應力，只消打電話給對方即可。雖然我們身處地球的相反兩側，卻常在同一時間撥電話給對方。即使到今天，我打電話給他的時候，他通常是在忙線狀態，因爲他也試著要撥給我。

「你絕對猜不到我又跟誰聯絡上了，」有天他的聲音在電話上聽來帶有一絲興奮，「是湘黛兒。她也在這邊，在市中心那種很難應付的學校教書。」

他提到她有男友，讓我有點難過。羅柏向我保證，那傢伙人還不錯，是個來自澳洲的衝浪迷，雖然很難想像一個逐浪者隆冬之際能在英國做些什麼。羅柏自己並不孤單——他跟來自澳洲昆士蘭的一位護士同居。愛情通常是個攸關時機與巧合的事情：我知道羅柏對湘黛兒永遠都會懷抱一種特殊情感，他們在一起的可能性看來越來越低了。

幾個月之後，聽到湘黛兒的弟弟丹尼爾在原因不明的情況下驟逝，讓我驚愕不已。悲劇遲早都會降臨每個家庭，可是這對湘黛兒與她的家庭來說是難以承受的重擊。我希望湘黛兒在經歷排山倒海而來的震驚與悲傷時，羅柏能夠提供協助。

* * *

孩子當中只有十三歲的凱薩琳留在家裡。她成了照顧克麗奧的幫手。「看我朋友昨天晚上幹了什麼事！」一群小女生來家裡過夜的隔天早上，她哀號道，「她們好壞！竟然把克麗奧的胸部塗成白的！」

仔細看看雪白的毛皮，發現那抹白色並不是塗上去的，而是出於自然的原因。

克麗奧發展出一種老年人的步伐，從髖關節以下僵直地走動，這種感覺也是我不甘不願地漸漸熟悉起來的。克麗奧不再玩襪球了，雖然她還是在床上留著羅柏的一只舊運動襪。她也不再躍上廚房板凳。同樣的，我的關節也因爲缺乏彈力纖維蛋白而飽受折磨。嘎吱作響的韌帶懇求我，要是電梯打開了誘人的門，就避開樓梯吧。

我們的皮毛也在變化。十幾歲的美髮師覺得自己有義務指導我，該怎麼讓日漸稀薄的頭髮變得厚實又光亮。（「從這罐慕絲擠出花生米大小的一坨，然後按摩進頭皮裡。我知道一百二十五塊錢①看起來可能很貴，不過可以讓你撐上一整年呢。」）她們年長一些的姊妹淘則長篇大論地教導我如何護膚。（「每天一杯藍莓會讓你的皮膚像我的一樣唷。你永遠也猜不到我有多老。我都二十五了。」）

克麗奧不受幼齒美髮師與美容師的關懷眼神所束縛，將黑毛有如驚嘆號般地撒在我們的床單、衣服，有時甚至在食物裡。

---

①譯註：一百二十五塊澳幣約合新台幣四千元。

她的黑色細鬚變灰。我則發現自己的下巴冒出了不雅觀的硬毛。

我跟克麗奧向來喜歡在壁爐前面烘烤自己。現在坐得太近時，會讓我的腿像火星的表面。克麗奧比我更不防火，才烘十分鐘，就得從煉獄般的烈火旁蹣跚走開，靠在冷涼的牆上恢復元氣。

質感比我們明白的還要重要。我對亞麻床單的織紗針數與精緻的義大利文具，發展出非理智的興趣。

我們眼前所見不再教人驚豔。驗光師建議配一副閱讀眼鏡（誰？我嗎？）。我選擇店裡最時髦獨特的一把，綠配藍的金屬框。

「你們覺得怎樣？」我炫耀給菲立普跟凱薩琳看。

他們的反應很清楚：這副閱讀眼鏡就是老太太會選來讓自己看來時髦獨特的款式。

克麗奧的眼部浮現怪異的斑點，強化了她與非現實世界有直接接觸的形象。我找到一位沒那麼強悍也了解這隻貓有多珍貴的獸醫。他說克麗奧並沒有白內障。那些斑點是老化的自然現象。不過，溫柔獸醫對克麗奧腎的狀況不是很滿意。他建議我們可以帶她飛到昆士蘭做腎臟移植，只是成功率並不高（帶著貓咪飛越幾千英里，就為了可能會失敗的腎臟

移植手術！我幾乎可以聽見母親的哀號聲從安置在新普利茅斯墓園的塑膠骨灰罈深處傳出來。**這世界肯定是瘋了**）。

我不願意接受變老而漸失吸引力的面向，而把注意力放在（只要多加留意）看來仍然不錯的部位。我找到一家越南家庭開的美甲沙龍。我發現他們幾乎一個英文單字也不會說，正合我意。這就表示他們不會硬要閒聊，更不能指導我怎麼讓手腳保持青春。等我們進一步認識對方，他們總是用點頭與微笑向我致意。

大約在同一時間，克麗奧的指甲走過木條地板時，開始像踢踏舞鞋一樣敲出喀噠喀噠的聲音。她的指甲不像過往的殺手時期使用得那麼頻繁。貓爪磨薄了，好似迷你可頌麵包一樣，容易碎成薄片而剝落。我試著用菲立普的指甲剪來修克麗奧的爪，她任由自己躺臥在我的大腿上，這點讓我受寵若驚。老花眼鏡架在我的鼻尖上，我心驚膽戰地怕傷到她。我連操作籬笆剪子都不大有把握了，更別提要控制指甲剪跟她嬌小的腳掌。任何因笨拙而造成的錯誤，都會被迅速但溫柔的啃咬所糾正。試過頭幾次以後，克麗奧信任我到足以在整個過程裡眞正發出呼嚕聲。我倍感光榮地接受正式美甲師以及（把貓咪乾洗劑梳過她的皮毛）美容治療師的頭銜。簡而言之，就是專屬僕役。

我們彼此相伴的時間久得足以讓她明白，我念茲在茲都是爲了她好。我們攜手經歷了那麼多事，逐漸找到了某種寧靜——不只是與對方爲伴時，也在自己的心裡。我們相偕發現一個深藏不露的祕密（雖然或多或少有些不便之處）：當個老貓，樂趣更多。

我跟克麗奧決定要在飲食習慣上順從自己的癖好。我因爲對巧克力的執迷而苦惱不已，精確來說是黑巧克力，最好含有百分之七十的可可亞，在瑞士製作、包裹著附有山脈照片的閃亮包裝紙。我盡力將癮頭轉向義大利書寫用紙，或是上千織紗針數的床單，可是我找不到比巧克力更令人著魔的東西。另一方面，克麗奧則經歷了更加強烈的食物執迷。我們的貓咪對「不」這個字從來就不感興趣。她現在把「不」從她能理解的人類語彙當中抹除了。不過，在她的熟齡階段，倒是精準地學會了「雞肉男」這個詞彙的意義。

每當有人宣布要去雞肉男那裡（轉角一位開朗亞洲男人的烤雞店），克麗奧會在他們身後疾步快走，渴切地在門口守候，直到他們帶著讓人口水直淌的包裹回來。

克麗奧對大多數食物都很慎重小心，但整體而言，她更偏好透過謀殺或竊取手段得來的東西。雞肉男隸屬不同的層級。新鮮烤好的肉只消飄來一股氣味，就足以將她逼進垂涎的瘋狂狀態。沒守好自己那盤雞肉的人有危險了。當她發動雞肉聖戰時，忠誠與昔日深情全被拋諸腦後。

我們發展出把她關在房門外的慣例，好讓自己搶先挑選肉塊。一隻優雅的黑掌在門縫底下出現時，凱薩琳會說，「可憐的克麗奧！」哪有什麼「可憐」的。要是門沒關妥，那隻腳掌會沿著門側滑下，把門一推而開。接著骨頭與紙巾就會在空中迸飛，盤子會鏗鏘作響摔到地上。不管男女老少，大啖雞肉的季節已到。

我們倆對食物的執迷，在外人眼裡都不怎麼討喜。唯一的差別就是，克麗奧沒讓自己更胖。事實上，她似乎越縮越小，胸骨往外鼓凸，頭顱的稜角變得更為尖銳與突出。她骨瘦如柴的體型包覆著毛皮，讓她看來活像是外行人製作的動物標本。

那並不表示我們沒有活蹦亂跳的時刻。如果窗簾拉得夠密，而方圓五百公尺內沒有活人的蹤跡，一位決心探索的人類學家可能還是會瞥見我隨著馬文・蓋的曲調獨自快舞。

同樣地，在陣雨之後，克麗奧會像幼貓一樣扭甩著身子快速攀上樹幹——結果爬到一半體力不支，只好中途折回地面。

克麗奧的腿原本呈流線型，由粗而細，現在變得又粗又短，隆起之處就是原本的膝蓋與腳踝（如果她是人類的話）。不過她從來不發牢騷。我費力地跋涉到健身房練舉重，以便對抗背痛與頸痛。要是我跟克麗奧一樣，這輩子四腳著地，就不會發展出這種病痛了。而如果我們堅實地以四腳踏穩地面，就不用擔心老年人對摔跤的恐懼了。我們的貓咪再次證明自己是較為高等的物種。

雖然我們的軀體可能露出衰老的外表，不過就內心而言，我跟克麗奧都在成長，且越來越好鬥易怒。過去在超市結帳櫃台排隊時，大家向來都會認出我是好欺負的對象。從學步兒到老男人都知道，溜到我前面插隊會平安無事。可是現在有人試圖擠到我前面時，我會堅守原位。我甚至能憤慨地說出：「請排隊！」我毫不猶豫地填寫申訴表格，掛掉客服人員電話之前也不再三思。

克麗奧把自命不凡提升到藝術形式的層次，這點超越了我。我們的視障友人潘妮帶著她的導盲犬蜜希卡來訪。我在地上擺了兩碗水——小的給克麗奧、大的給蜜希卡。克麗奧逼視那隻棕黃色拉布拉多獵犬，然後自行占據了那只大碗。身形巨大的蜜希卡縮成了原本尺寸的一半，委屈地退到小碗那邊。

我為了我們家寵物的失禮行為向潘妮致歉，她笑著接受了。我解釋，克麗奧還是小幼貓的時候，也對芮塔這麼做過。坐在地上的潘妮和善地點點頭。蜜希卡深情地將後臀棲靠在主人的大腿上。人狗構成迷人的小場景，畫面裡有主人與忠心耿耿的狗。這個景象對克麗奧來說太過火了。她怒目死盯蜜希卡，目光強烈到讓人無地自容，那隻可憐的動物摸摸鼻子溜到角落，讓克麗奧接收潘妮大腿上的精華位置。

「可憐的小克麗奧發生什麼事了？」蘿西有天突如其來地來電問道。

「噢，她還好啊。」

「到比較好的地方了，」她嘆氣，「我總是說，在小咪咪天堂裡每大都有沙丁魚可吃。」

「不是，蘿西。我是說眞的還好。」

「她**竟然還活著**！你在開玩笑吧！她現在幾歲了？」

大家老愛追問關於年齡的魯莽問題，已經越來越讓我膩煩與厭倦了。「二十三。」

「那就等於，讓我想想……人類的一百六十一歲了耶。你確定還是同一隻貓嗎？」

「絕對確定。」

「你怎麼辦到的？你都餵她吃什麼？她服用什麼藥物？」

「沒什麼特別的啊。小邋遢、毛毛、貝多芬跟西貝流士都還好嗎？」

一陣困窘的沈默。「唉，小邋遢失蹤了，貝多芬腎衰竭。西貝流士跟毛毛十年前就上貓天堂去了。我確定自己什麼都替他們準備最好的，不像可憐兮兮的克麗奧。我很訝異你竟然還記得他們的名字。你一直就不是愛貓族吧？」

「我一定是！」我回答，「如果我不是，克麗奧不可能留在我們身邊這麼久。況且，我們倆都變得老態龍鍾，我跟克麗奧簡直就是同一個人了。蘿西，你弄錯了。**我是愛貓族沒錯！**」

不久，我跟菲立普上餐館慶祝結婚十四週年。

「我永遠忘不了你帶我們去披薩餐廳那晚，你跟羅柏玩填方塊遊戲，你竟然把他打敗了。」

「是蛇梯棋吧？」他啜飲著香檳。

「是填方格啦。你那晚差點搞砸了，竟然沒讓小男生贏。我本來要送你打包上路的。」

「是嗎？」他露出欣喜的神情，「我一直記得克麗奧在屋裡蹦來跳去，一副她才是女主人的樣子。」

「房子**的確**是她的沒錯啊。會像你那樣接受我們的人不多，你知道的，」我轉換話題說道，「帶著兩個孩子、還大你八歲的單親媽媽。」

羅柏曾經說過，有菲立普參與我們的人生就好似贏得樂透。菲立普對我們三個孩子的愛與奉獻，讓我敬畏三分：他從來不曾在親生女兒凱薩琳與另外兩個孩子之間有所分別。他們回報給他的愛也一樣深刻，始終如一。我能與這樣一個難能可貴、心胸寬闊的男人共度如此多年光陰，眞是三生有幸。

「不會又是工作的事了吧？」他把嗶嗶尖響的手機從口袋裡掏出來時，我說。

「是凱兒，」他回答。聽著凱薩琳焦慮不安、急促斷續的話語，菲立普一臉沈重。

「我們最好走吧。克麗奧發病了。」

34 強悍獸醫、溫柔獸醫

天天來點雞肉男，包準獸醫遠離俺。

等我們回到家，克麗奧又恢復正常的模樣。

「嚇死人了！」凱薩琳的情緒尚未平復，「她發出恐怖的低吼，然後倒地抽搐，整個身體發僵。一定痛得不得了。」

克麗奧鎮定地聽取報告，一面舔著腳掌。我不知道你幹嘛大驚小怪，她似乎在說，我只是微恙嘛。

翌日早餐過後，克麗奧不敵另一陣可怕發作的折磨。我連忙打給溫柔獸醫。嗓音如蜜的接待員說醫師當天晚一點才有空。

「可是我們現在急著找人看診啊！」我說。

「那你們就得去找別的獸醫。」她的語氣頗爲尖銳。

對一位溫柔獸醫來說，他的接待員還真是鐵石心腸。對克麗奧病史略知一二的另一位獸醫，就是那個令人畏懼的強悍獸醫。

「如果你用毯子把她包著帶過來，醫師現在就能看診。」強悍獸醫的護士說。

我把克麗奧帶到獸醫診所去，一路上她恢復的活力足以對車流與大空表現出興趣。我把她緊緊摟在胸前時，她輕聲呼嚕。也許一顆簡單的藥丸就能發生療效。另一方面來說，我沒那麼天真。她都二十三歲半了。

強悍獸醫診間裡的一切都讓我們深惡痛絕。我們不喜歡候診室裡的麻醉藥氣味，也不喜歡放在角落有如墓碑的一袋袋飼料。克麗奧看那隻黑色的大拉布拉多犬特別不順眼，狗嘴裡探出的粉紅舌頭猥褻地流著涎，更沒辦法假裝沒看見牠頭頂上方的藍色塑膠桶①。克麗奧在想什麼，我一清二楚：**允許自己被硬塞進這種有失尊嚴的流行配件裡，果然是犬類**

①譯註：應是指寵物飼料包裝上的廣告圖片。

的典型行為。

強悍獸醫剛從手術室出來，召喚我們進去。克麗奧桀驁不馴地站在不鏽鋼桌上，獸醫則對著淑女不喜歡與陌生人分享的那些部位戳戳又捅捅。他的診斷是腎衰竭及甲狀腺失調。

「你們打算拖多久啊？」他的嗓音不帶一絲情緒。

我聽到他的話，也明白箇中含義，但就是無法鼓起勇氣回答。

「如果你們想要，我可以替她安樂死。」

現在？馬上？我的臉上一定流露出震驚的模樣。

「好吧，我會把她留在這裡觀察幾個鐘頭，這樣你們全家可以調適一下，」他說，「五點再打電話給我吧。」

我正要把克麗奧一把抓走，跟她一起逃回家。可是想到要整天無助地目睹她病情發作，實在不堪忍受。我踏出強悍獸醫的門口時，心臟的每條肌肉都痛恨著他——直到他向我呼喚。

「你可以把她的毯子留在我這裡。」

他明白，我們這隻垂老的動物有家裡的東西可以依偎會比較自在。也許強悍獸醫其實沒那麼像怪物。

回到家裡，我把鋪在家具上的舊毛巾與厚毯拉開，這些東西在在提醒著我們，要是沒有淌著口水、不停掉毛的老貓，生活會加倍美麗與潔淨。瞥瞥洗衣間裡的貓床，我考慮要把那個臭烘烘的東西丟到外頭的垃圾桶——可是我怎麼下得了手啊！

她不會從強悍獸醫的煙囪憑空消失。前院大門邊的月桂樹叢可以當她的墓碑，如果她非得要一個的話。

菲立普提早下班，好趕上五點的電話。強悍獸醫邀我們過去一趟。這絕不是個好徵兆。我們出發進行這項恐怖任務時，凱薩琳決定待在家裡看電視。

強悍獸醫這次比較友善。我想他一定是啓動了「替動物安樂死」的模式。

「她一整天都沒發作，」獸醫說道，「她什麼也沒吃，可是重要生命跡象都還不錯，心臟也滿強的。以她的年紀來說，狀況好得出奇。」

強悍獸醫眼眸裡的光芒道盡一切。即使在老朽的狀態，克麗奧仍能藉著藐視他牆上貓咪壽命表的強烈決心，使他印象深刻。

獸醫把克麗奧包在藍毯子裡遞過來，附帶一些刺激她胃口的藥丸。「噢對了，如果你們想讓她吃點東西，對街有家很棒的外帶雞肉店，」他補充道，「我不知道雞肉裡面放了什麼，可是只要那東西的香味傳來，就會讓所有的貓咪發狂。」

回家路上，克麗奧從頭呼嚕到尾。

我把舊毛巾與厚毯又披回家具上，搖搖她臭氣燻天的床鋪。多出來的時間是僥倖得來的。不過，山姆之死教會我的其中一件事，就是時間都是借來的。對我們任何人來說，生命隨時都會發生無法逆轉的改變。因爲意識到這一點，我每回出門前都會掃視梳妝台，免得因爲某種原因再也回不來。即使我不算是個井井有條的人，也不願留下邋遢的惡名。

我打電話到英國，跟羅柏報告克麗奧最近的戲劇性事件。

「我想打給你，可是一直忙線中。」他說。

「那是因爲我正要打給你啊，」我盡量把克麗奧的消息往後拖延，「你想跟我說什麼？」

「我沒辦法再面對一次英國的冬天了。這裡的人像鼴鼠一樣，大多數時候都待在黑暗裡或地底下。墨爾本有人要給我一份工程的職務，聽起來很棒。我會回家過耶誕。」

＊＊＊

羅柏回來不久，有個讓人驚喜的訪客出現在門前階梯。他是個高大的黑髮青年，融合了布萊德．彼特與強尼．戴普的長相。我掃視著他電影明星般的下頷輪廓、線條分明的眉毛，可是一直到我望進他的眼眸時，才認出他是誰。

羅柏在之字路度過的童年時光，當時的娃娃臉傑森已經變身成挺拔的成年人。吉妮的兒子意外造訪，眞是光榮極了。他往我的雙頰各送上一吻，讓我霎時頭暈目眩。這個男人版的傑森跟那位滿頭棕髮、面帶淘氣微笑的杏眼男孩，有如天差地別。我上一次見到他時，他還沒比我的腰高多少。他懷著的回憶溫暖到足以在多年之後親身造訪，讓我相當感動。

「克麗奧不會還活著吧！」他說。

「勉強撐著而已。」我回答。我打電話給羅柏，安排他在公司附近的咖啡廳，跟我們的意外訪客碰面。羅柏不到一秒鐘就認出他的老友。我沈浸在與兩位有如搖滾明星的青年進餐的榮光之中，哇！跟兩個成年兒子出門就是這樣的感覺啊。如果山姆還在，我好奇我們會這麼相聚多少次。感覺會這麼溫暖嗎？還是微微帶有幾乎難以承受的惆悵？也許根本不會有憂傷，而是家人之間往往把自己填入的一種由摩擦與承擔形成的、難以言說的相處模式。

「你們知道我最記得的是什麼嗎？」傑森問，一邊細讀酒單。

「**挖那個洞！**」男孩們異口同聲地說。

我肯定一臉茫然。

「記得你們大門下面那一小塊荒地嗎？我跟羅柏決定要在那裡挖個洞。我們挖了好幾年，好像從來也沒變得更深。」

兩個小男孩在蕨樹底下劈砍泥土的景象頓時清晰起來。

「對喔，」我說，「你們有鏟子跟鶴嘴鋤。當初不該准許你們用那把鋤子的。要是現在啊，我可會被告上法庭呢。」

「那就是重點所在啊，」傑森說，「感覺很有男人氣概又有點危險。你記得我們找到一張生鏽的舊床墊嗎？我們把床墊鋪在洞口，把它變成彈跳床。後來玩膩了就把它搬開，回頭繼續挖洞。」

即使是現在，羅柏說他有時還是想不通，那個洞爲什麼好像一直沒變深。長成大人的他如果回到現場，一個下午就能大功告成。

「也許你們挖得太寬了？」我說，「你們到底想要多深嘛？」

「就是一個很不錯的洞那麼深啊。」傑森說。

男孩們記得的，並不是我教他們中文或葛利果聖歌，讓我隱約有些罪惡感。如果傑森遺傳了吉妮一半的腦袋(她剛完成助產學博士學位)，他的能力會更上層樓。另一方面來說，也許當初任他們盡情挖洞，有助於讓他們長成今日這樣的哲學家。

在他們輕鬆自如的舉止與飲用紅酒的成熟面貌下的某個角落，就是那兩個之字路上的小男孩，實在教人難以置信。看著他們，讓我想到在大火之後奇蹟般復甦的澳洲叢林。襯著較高大樹木的焦黑輪廓，山龍眼與金合歡樹造出了新生的下層林叢。同樣的，男孩們長成了強健俊美的青年。在之字路上毀滅性的日子裡，我低估了大自然的韌性。

35 復甦

對一隻弔詭的貓咪來說，結束有時正是開端。

要愛上小貓是件容易的事。牠毛茸茸又柔軟的一切訴說著：抱住我、摟緊我。中年的貓咪因爲亮澤的毛皮與健壯的體能表現而備受讚賞。可是要欣賞老貓，就得靠後天培養的品味了。她會把口水滴在座墊上，然後用嘔吐作爲和平抗議的形式。跟老貓同住的人會懂得體諒。即使是那些從未罹患過房子炫耀病的人，也逼不得已要用舊毛巾跟毯子蓋住家具。

克麗奧的毛皮越來越稀薄，帶有埃及墳塚的穢氣。在她強迫發炎的關節跳上沙發以前，得三思而後行。一有陌生人來訪，她會東搖西晃地走上前去迎接他們，我偶爾會想像他們臉上閃過反感的神情。我們的高齡貓咪再也不是絕世美女了，可是因爲我們知道時間所剩無幾，所以對她的愛意越來越深。

她臉頰右側腫得很厲害，有隻眼睛睜不開了。我用她的毯子將她裹起來，帶回強悍獸醫身邊。自從上次那回看診後，我們對他的看法已經改變了。

「呣……」他陰鬱地說，「是牙膿瘍。我可以替她開刀，可是她那麼虛弱，我懷疑她能否撐過這場手術。」

他推薦顯而易見的解決辦法，這次語氣相當溫柔，一面用手撫著老貓的背。

「我曉得有動物長期作爲家庭一分子的情形。」他說。

他讓我們回家仔細考慮考慮。如果克麗奧是個人，她可能會被強迫「自然」死亡，就像老媽忍受過的那樣。我曾經看過，當疾病全面掌控，受害者進入痛苦的灰色地帶，死神成爲備受歡迎的訪客。也許大自然便是藉由這種方式，讓死亡過程變得終於能讓人接受。要是有得選擇，我不想要受到老媽經歷過的折磨。幸運的是，克麗奧的動物地位確保她不用經受這種折磨。動物被賜予優越於人的權利實屬少數，其中之一就是死亡。

凱薩琳整張臉好似淚水的瀑布，毫不遲疑地同意這樣做沒錯。菲立普幫我們把克麗奧包在毯子裡，最後一次帶她到強悍獸醫那裡，我確認他其實一點也不強悍。

「時候到了，老女孩。」他說著，將一根極細的針扎進她的腳掌背。注射的動作如此輕柔，她一點也不退縮。我們道了再見，克麗奧以弦月的形狀蜷起身子，垂下腦袋，忽地就過去了。

獸醫將她放進一只不透光的塑膠袋子，我們將她裹在毯子裡帶回家。

菲立普在前院花園的月桂樹叢下挖洞。鏟子撞擊地面時，發出柔和而規則的悶響。他沒有心情講話，只是揮動鏟子，我從他的後腦杓就看得出他很難過——不是電視上那種聲淚俱下的方式。他的哀痛相當克制又莊嚴。男性向來就以這種方式出名，直到有人跟他們說，這樣對健康有害爲止。

我想叫他放下鏟子並抱抱他，只要一會兒就好，可是那樣只會讓事情有所拖延。男人還是忙著做事比較好。況且，我還得處理自己徒勞無用的淚水。

彷彿良久之後，他停下來，倚在鏟子上。我們兩人都往下盯著那個洞，挖得比原本可能需要的還深，可是這男人爲了他的家人，做起事來向來多盡一份心力。而克麗奧是我們家庭密不可分的一部分。

「我想我們埋葬她的時候，別包毯子吧。」他說。

他將毯子解開，讓克麗奧了無生氣的軀體從獸醫的塑膠袋裡滑出來，放進土裡。他彎身親吻她的額頭之後，才把她往下放進洞裡。

「她陪伴這個家庭的時間比我還久呢。」他嘆了口氣。

一鏟又一鏟，泥土漸漸覆蓋她的身體，而鳥兒則誦唱著安魂曲。

＊＊＊

有些文化偏好將親人埋葬在花園裡，我正開始體會原因何在。每天早晨，我走往信箱的路上，都會跟克麗奧說聲哈囉。我跟園丁說，月桂樹叢周圍別挖得太深時，他一臉警戒。我們的寶貝貓咪可不需要被人打擾。

將近二十四年以來，克麗奧在我們的家庭坐鎮，療癒了我以爲我們永遠不會康復的傷口。也許她的工作已經完成，療癒已經結束，我們可以在沒有她的陪伴下繼續生活。但她卻留給我們另一種哀傷。我突然明白古埃及人在家族貓咪死去時，會削掉眉毛的邏輯所在。

大家都問我們何時要養新貓咪。他們說得好像有一貓必有二貓。有個朋友帶我去寵物店。我們看著一堆小貓咪在圍欄裡四處翻滾，大都是玳瑁花色，眞討人喜歡。有些緊抱對方嬉鬧似地打鬥著，成了一團滾來滾去的毛球。其他的在打盹兒。天啊！好可愛啊。有隻小灰貓攀上細網，一掌接一掌斷續地爬著，高過我們的頭頂。一群顧客圍繞在籠子四周，臉上的溫柔神情好似達文西的肖像畫。他們之中有個我稍早在街上注意到的衣冠不整的男人。他當時怒氣沖沖，人們紛紛走避。當他看到小貓，裹在身上的一層層侵略性全都四散瓦解了。他沒刮的下顎軟化成微笑。他倚在鐵網上，以純然的善意凝望牠們。現在他望著那隻灰貓。灰貓突然明白自己無法像爬高一樣輕易地往下走。牠焦慮地往地上一瞥，然後又仰頭望著鐵網。牠無法再爬得更高。沒有選擇了。小貓表演令人驚豔的後空翻，在地面高度安全著陸。男人笑了。也許小貓讓他想到自己，一心想往超凡天界爬升，卻重重落回人間塵世。

「我們可以帶一隻回家嗎？」一位少年問母親。他也著迷不已。如果他能說動母親，那麼小貓往後就有個高貴的任務了。那個年輕人有智能障礙。

有位傷心的女人指著一隻漂亮的玳瑁貓。也許她的房子空蕩蕩，正等著絲絨般腳掌的輕踏。

圍欄裡的每隻小貓都有需要實現的任務，有人類的心等著治癒、有關於愛的眞正本質的功課需要教導。沒有一隻是我不想撈起來、暖暖軟軟貼在胸膛上的。可是我並不打算帶任何一隻回家。

貓咪不是可以「取得」的東西。牠們會在被需要的時候，出現在人類的生命裡，而且帶有起初可能不被了解的目的。山姆死去以後，我的確不想那麼快就養貓。但這個想法並不是有意識的。生命是矛盾的，有時你以為自己不想要的，事實上卻是自己最需要的。克麗奧的摟抱、逗趣以及趾高氣揚，正是我們所需要的，讓我們的心思得以從悲傷移開，提醒我們能夠活著與呼吸是多麼大的喜樂。她指導我們適時地放輕鬆、盡情歡笑或讓自己更強韌。

身為我們家的守護者，克麗奧守望著我們旅程的每一步。我們需要她多久，她就伴在我們身旁多久——結果比預期的還多十幾或二十年。不管她是山姆或埃及貓神差遣來給我們的，她賜予我們療癒的力量時，其慷慨大量的程度勝過任何生物。

當我們再次對人生產生信任感時，神奇的事情似乎接連著發生。吉妮、傑森、安・瑪莉與菲立普這樣美妙的人在適當的時機現身。克麗奧見證每次的邂逅，有時竟給人這種印象：這些邂逅其實是她安排促成的。對於幫助我們從失去山姆的傷痛中走出來的這些人，以及其他更多人，我永遠心懷感激。我不能很有信心地說我們完全復原了。但我們改變了且有所成長。山姆的生命與死亡永遠是我們的一部分。

憤怒終究讓位給原諒。多年之後，得知山姆並非孤零零又恐懼地死去，讓我大爲寬心。我發現超人確實存在。他就是那種在意外現場停下腳步，盡自己所能爲受害者付出的英雄。對我們而言，超人的名字就叫亞瑟・賈德森。

* * *

多年以來，我一直避免回到威靈頓的那條之字路。吉妮一向善解人意，她明白這點，也從不催促我去探訪她。我們總是安排在澳洲或紐西蘭的其他地方碰頭，其實全是供應好蘇維濃紅酒的地方。可是好奇心最終戰勝了我。當出租車費力地爬上山坡、駛向威茲鎮時，我準備好要面對痛徹心扉的往事重溫。繞過第一個弧形彎路，然後第二個，我注意到一塊保持原狀的公共土地，那裡是個俯瞰海灣的迷你公園。我曾經夢想在那裡豎立一座雕像來紀念山姆，可是水泥與不鏽鋼太冰冷；要向失去的孩子致意，有更好的方式。

道路往前筆直延伸、變窄，繼而變陡，往上升向那座仍懸掛於路塹上、好似絞刑架的步行橋。車子在下方奔馳，眼前大量的影像令我目不暇給。下橋的階梯，多年前山姆轉向弟弟說「安靜」的人行道邊緣，濺有他鮮血的粗糙柏油路面。我的胸膛因衝擊而震顫。我讓自己重溫這一切的意義到底在哪裡？

自從我們離開後，老街上的房子似乎上過更加亮麗的漆彩，花園也維持得更好。到了街道盡頭，我很驚異地發現之字路消失無蹤。吉妮曾經提過，鄰居們協力出資找推土機來，讓所有的屋主都能直接開車抵達自家門口，可是我萬萬沒想到會是這麼激烈的變化。原本彎彎拐拐的之字路，被沿著山丘直直下探的暢通車道所取代。我站在變成筆直道路的之字路頂端，往下眺望城市。這些日子以來，城市已經往山丘上蔓延拓展，有好幾處新的辦公大樓區。刺骨冷風從南方襲來。

「親愛的，來點泡泡水吧？」一個熟悉的聲音問道。我跟吉妮攬抱彼此。臉上的笑紋、髮間的絡絡灰絲反而增添了她的美麗。豹紋緊身褲與狂野的耳環已經讓位給飄逸的裙子與絲質襯衫，這身裝扮足以走在米蘭的街道上。

我們一起沿著車道走去，越過以前曾是一個急彎與通向吉妮家的拐角處。我刻意避開，不轉向我們的老平房。單是瞥一眼，就可能釋出一整個軍隊的心魔。以前圍繞德西瓦家的叢林不見了，但他們的房子仍安詳地坐落原地。香檳瓶塞啵地彈起，吉妮解釋她跟里克看過城裡的公寓，可是找不到便利性與視野比這房子更好的地方。

我點著頭，將周遭環境看進眼裡。吉妮對室內設計的品味從八〇年代的時髦轉為歐洲的低調。住在那裡將近三十年的吉妮坦承，她跟里克現在成了鄰里間的大老。巴特樂一家十年前已經遷離。山莫維爾太太已經去了天際偉大的教員休息室。

「我們的老房子呢？」我試探性地問道。

「有個足球選手跟女友在那裡住過一陣子，」吉妮說，「曾有人想要重新裝潢又作罷。後來就一直轉租。從我家樓上看下去，視野很不錯，記得嗎？」

我猶豫地跟著她登上樓梯，要是我真的崩潰了，就屬吉妮知道該怎麼做，知道這點讓我放下心來。她把窗簾拉到一旁，喚我到窗邊去。我幾乎認不出我們的老平房。兩側長滿勿忘我的前院小徑，跟著男孩們挖洞的那片地，清得一乾二淨，代之以寬度足以並排兩輛車的厚水泥地。沒錯，這樣做挺有道理的。抱著採購回來的雜貨到前門，不會再有雨水濕透的污跡一路迤邐過去。前門的模樣也跟我們原有的不像了。暗色的壁板，連同原本給予這棟房子「個性」的仿都鐸式木梁，全都漆成了白色。有人決定藉由朝房子潑上一桶桶的白漆，以便驅除其中的鬼魅。房子看來狹窄一點，似乎經過一番淨化。羅柏的窗戶，就是克麗奧常坐著的地方，形狀仍維持原貌，屋頂的角度也相同，可是再也不是我們的房子了。就像之字路以及這個鄰里間的其他一切，都仍持續變化著。

我一直要自己堅強點，準備面對這次探訪時會重浮心頭的往事。跟吉妮一起往下俯瞰那棟老房子時，我卻出乎意料地經歷到某種輕盈與安寧感。一個圓已經自我完成。我們在之字路上的生活就像老照片一樣漸漸淡去，只不過是一份回憶。唯一要緊的是我們現在擁有的生活。

＊＊＊

即使死後，克麗奧繼續留下有形的東西，提醒我們她的存在。黑毛四處撒散在我們的床單與衣物上。冰箱存有冷凍貓食。我把克麗奧拒斥的狗床從房子底下拖出來，有股衝動想打電話給羅柏。他的電話想當然爾又忙線了。

「你本來要打給我嗎？」我在電話終於接通時問。

「沒有，我剛在跟別人講電話。」

「誰啊？」

「湘黛兒。她回澳洲了。」

「噢，那很棒耶！跟她男朋友一起嗎？」

「他們分手了。」

羅柏與湘黛兒之間的友誼聯繫隨著她弟弟之死而深化。失去山姆這件事，早已成爲羅柏內在的一部分，湘黛兒的許多痛苦他很能體會。兩人現在同屬一個未命名的俱樂部，成員是曾經失去手足的人。不到一年，他們便住在一起，接著訂婚準備結爲連理，目前正在討論要爲自己的小家庭增添哪種貓咪。他們在網路上密集研究一番。英國藍貓，也許甚至是暹羅貓。

他們在湘黛兒阿姨楚蒂的家裡住了一夜，就是將近十年以前介紹他倆認識的人，那兒的緬甸貓堅持要睡在他們的床上。

「我才不要養有品種的貓呢，」隔天羅柏說道，「那隻貓整晚都在跟我說話，叫我滾出他的床。」

「你跟貓到底是怎麼回事啊？」我說。

「我哪知啊。大概是跟克麗奧有關吧。」

我露出微笑，想起六歲的羅柏把新生小貓摟在懷裡，貓咪如何幫助他在沒有山姆的陪伴下第一次一個人睡，在夢中跟他「說話」，還協助他發展友誼。克麗奧守護他的時間幾乎長達四分之一個世紀，我們的貓女神坐鎮了無數的生日派對，並且照料羅柏安度病痛的難關。從月桂樹叢下的安息之處，她仍繼續發揮她的影響力。

如果羅柏與湘黛兒眞的養貓，羅柏說，一定是一般的混種貓。到後來如果是帶有一絲阿比西尼亞血統的混種，我也不會詫異。

故事再度展開……

謝詞

每隻小貓都屬於一窩貓咪。同理，如果沒有很多精彩絕妙的人們幫忙，克麗奧的故事不可能誕生。Lisa Highton 與她在倫敦 Hodder 出版公司的出色團隊，如此熱烈地擁抱克麗奧的故事，我想謝謝他們。感謝 Heather Rainbow 那麼細心地耙梳檢查我的文章。多虧文學編輯 Louise Thurtell 的安排，《克麗奧》最後由 Jude McGee 接手。了不起的 Jude 打從一開始就對這個貓故事滿懷信心。在我經歷各種形式的自我懷疑，以及寫作此書期間健康出乎意料一度亮起紅燈時，她始終如一地提供扶持。

劍橋大學提供窺看另一世界、足以改變人生的機會；大英博物館那些全心奉獻的館員，對蓋爾—安德森貓（Gayer-Anderson Cat）塑像的保存與呈現，提供了靈感，我將永懷感激之情。

我也想對 Roderick 與 Gillian Deane 表達感激，他們是最初鼓勵我將克麗奧寫就成書的人。也感激 Douglas Drury，對於習慣五百字報導的膚淺記者來說，寫作此書的數月極爲漫長，謝謝他在這段時間與我共進很有撫慰作用的中餐。感激世上最棒的瑜伽老師 Julie Wentworth，總在我需要的時候送來花束與來電問候，值得我致上敬意。Sarah Wood，感謝她定期與我共享咖啡時光的歡笑；還有 Heather 與 Mano Thevathasan，感激他們無數的善意表現。給我姊姊瑪麗大大的擁抱，謝謝她在我休養期間慈愛的照顧。也感激 Liz Parker，謝謝她萬無一失的眼光。還要對 Jenny Wheeler、Judy McGregor、Lirdsey Dawson 以及其他我認識的傑出編輯送上一聲親暱呼嚕。

我從內心深處向菲立普、羅柏、莉迪亞、凱薩琳、湘黛兒與史提夫表示謝意，謝謝他們允許我將我們全體的故事，以我個人的版本跟全世界分享。要是有機會從他們個人的角度來寫作，每個故事肯定都會以不同的方式開展。他們的信任與慷慨大量是無止無盡的。扛起下廚、購物與洗衣職務的菲立普與凱薩琳，還有提供絕妙按摩的莉迪亞，我要給他們額外的擊掌慶賀。

向克麗奧深深鞠躬，她全心全意地愛著我們如此之久。

國家圖書館出版品預行編目資料

一隻貓，療癒一個家／Helen Brown著；謝靜雯譯
--初版 --台北市；大塊文化，2010.08
面； 公分 --(mark；86)
譯自：Cleo: how an uppity cat helped heal a family
ISBN 978-957-0316-43-8（平裝）

1 貓 2 動物心理學 3動物行爲 4失落 5悲傷
6 心理輔導 7 通俗作品

437.36 99012335

LOCUS

LOCUS

LOCUS

LOCUS